누구나 읽을 수 있는

수학의 역사

IV

중세 수학사 2

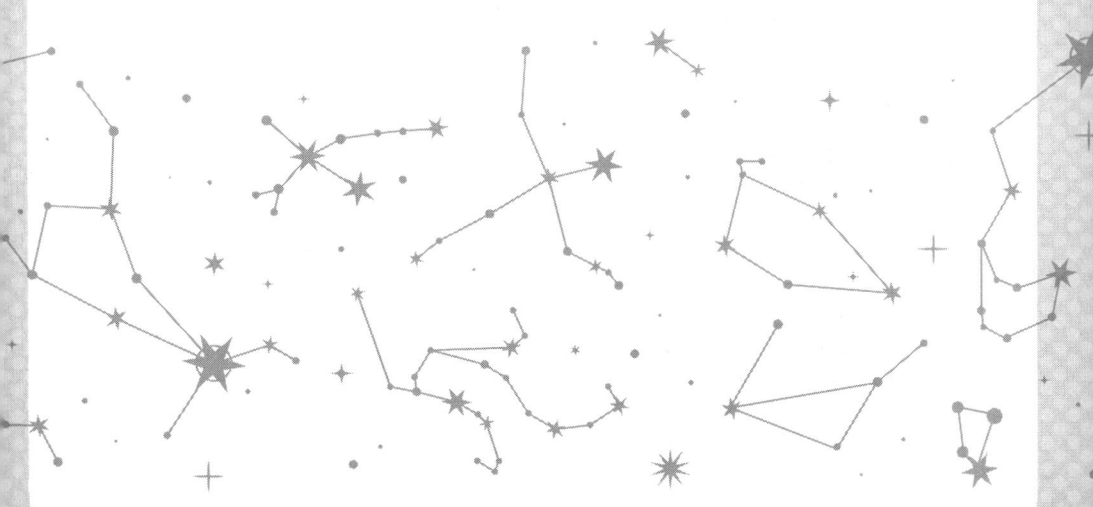

누구나 읽을 수 있는 수학의 역사 IV
(중세 수학사 2)

초판발행   2024년 3월 1일

저 자   정완상
펴낸곳   지오북스
등 록   2016년 3월 7일 제395-2016-000014호
전 화   02)381-0706 / 팩스   02)371-0706
이메일   emotion-books@naver.com
홈페이지   www.geobooks.co.kr

ISBN   979-11-91346-82-4
값   15,000원

이 책은 저작권법으로 보호받는 저작물입니다.
이 책의 내용을 전부 또는 일부를 무단으로 전재하거나 복제할 수 없습니다.
파본이나 잘못된 책은 바꿔드립니다.

서문

저는 2004년부터 지금까지 주로 초등학생을 위한 과학 수학 도서를 써왔습니다. 초등학생을 위한 책을 쓰면서 많이 즐겁지만 한편으로 수학을 사용하지 못하는 점이 많이 아쉬었습니다. 그래서 수식을 사용할 수 있는 일반인 대상의 수학 과학책을 써 볼 기회가 저에게도 주어지기를 희망해 왔습니다.

저는 1992년 KAIST(한국과학기술원)에서 이론물리학의 한 주제인 〈초중력이론〉으로 박사학위를 받고 운 좋게도 1992년 30세의 나이에 교수가 되어 현재까지 경상국립대학교 물리학과에서 교수로 근무하고 있습니다. 저는 현재까지 300여 편의 논문을 수학이나 물리학의 세계적인 학술지 (SCI 저널)에 게재했고, 여가 시간에는 취미로 집필활동을 합니다.

드디어 한국에도 수학의 노벨상이라고 부르는 필즈상 수상자가 나왔습니다. 이제 많은 수학영재들이 제 2의 허준이를 꿈꾸는 시대가 되었습니다.

수학의 영웅들을 역사를 통해 만나보고 그 영웅들이 어떤 수학문제를 골똘하게 생각하고 해결해냈는지를 아는 것은 굉장히 중요합니다. 이를 통해 앞으로 어떤 수학 연구를 해야하는 지를 알 수 있기 때문입니다. 이것이 바로 수학의 역사를 집필하게 된 목적입니다. 수학의 역사 시리즈를 통해, 최초의 수학자 탈레스부터 한국 최초의 필즈상 수상자 허준이까지를 다루었습니다.

이 책에서 저는 수학자들이 한 일을 역사와 곁들여 다루었습니다. 그들이 한 수학적 업적을 중학교 정도의 수학으로 이해할 수 있도록 다루어 보았습니다. 이 책은 미래의 필즈상을 꿈꾸는 학생들이나 수학 영웅들의 이야기에 관심이 많은 일반인들이 읽을 수 있도록 꾸며 보았습니다. 조금 어려운 내용은 네이버카페 〈 정완상의 수학과 물리〉에 자료로 올려놓았습니다.

4권에서는 천재 수학자 페르마의 이야기, 파스칼의 삼각형과 확률이론의 탄생이야기, 뉴턴과 라이프니츠의 미분적분 발견이야기와 뉴턴의 프린키피아 이야기등이 담겨 있습니다.

끝으로 이 책의 출간을 결정해준 지오북스의 김남우 사장과 직원들에게 감사를 드립니다. 그리고 프랑스 수학자들의 원문 번역에 도움을 준 아내에게 감사를 드립니다. 그리고 이 책을 쓸 수 있도록 멋진 수학을 만들어낸 수학사의 영웅들에게도 감사를 드립니다.

진주에서 정완상 교수

목 차

제 1 장   천재 수학자 페르마   5

제 2 장   파스칼   31

제 3 장   뉴턴의 미분 적분 발견   47

제1장
천재 수학자 페르마

1-1 천재 수학자 페르마

페르마는 1601년에 프랑스 남부 도시 툴루즈 근처의 보몽드로마뉴라는 작은 마을에서 부유한 집정관의 아들로 태어났다.

(Pierre de Fermat 1607-1665, 프랑스)

페르마는 프란체스코회 학교에서 고전어와 고전문학을 배운 후 툴루즈의 대학에서 법학을 공부하여 변호사가 되었고, 1648년에는 툴루즈 지방 의회 의원이 되어 죽을 때 까지 의원으로 살았다. 어릴 때부터 수학을 좋아했던 페르마는 의원이 되어서도 수학책을 읽는 것을 좋아했고 특히 그리스의 수학자 디오판토스가 쓴 <<산술>>은 그가 가장 좋아하는 수학책이었다.

5개 국어에 능통한 페르마는 시를 쓴 것을 좋아했으며 취미로 수학을 연구해 수학자 데카르트와 파스칼과 메르센 등과 친하게 지냈다. 그는 비록 아마추어 수학자였으나 수학의 여러 방면에 획기적인 업적을 남긴 17세기 최고의 수학자로 손에 꼽힌다.

사람들과 접촉하는 것을 좋아하지 않는 페르마에게는 짖궂은 버릇이 있었다. 그는 자신이 발견한 새로운 정리에 대해 증명을 하고서도 그 증명이 적힌 종이를 모두 쓰레기통에 버리는 것이었다. 프로 수학자가 아닌 그는 굳이 논문을 통해 자신의 정리를 발표하려고 하지 않았던 것이었다. 그는 또한 영국의 유명한 수학자들에게 ' 나는 이런 정리를 발견해 증명했는데 당신은 모르지? ' 라는 편지를 보내 프로 수학자들을 종종 약 올리곤 했다. 프로 수학자들은 페르마가 보내온 정리를 증명에 도전했지만 번번이 실패해 결국 그의 천재성을 인정할 수 밖에 없었다.

1636년 페르마는 아폴로니우스의 원뿔곡선을 읽으면서 원뿔 곡선의 일반 방정식이

$$ax^2 + by^2 + cxy + dx + ey + f = 0$$

의 꼴이라는 것을 알아내 < 평면과 입체의 입문, Ad Locos Planos et Solidos Isagoge> 이라는 논문에 발표했다. 예를 들어, $xy = k^2$은 쌍곡선을 나타내고 $x^2 = y^2$은 직선을 나타내며, $x^2 + y^2 + 2Ax + 2By = C^2$은 원을 나타내고, $A^2 + x^2 = By$는 포물선을 나타내고 $A^2 - x^2 = ky^2$ ($k > 0$)은 타원을 $A^2 + x^2 = ky^2$ ($k > 0$)은 쌍곡선을 나타낸다는 것을 알아냈다.

페르마는 또한 나선을 나타내는 식을 좌표를 이용해 나타냈다. 데카르트의 좌표는 다음 그림과 같이 r 과 θ 로 묘사할 수 있다.

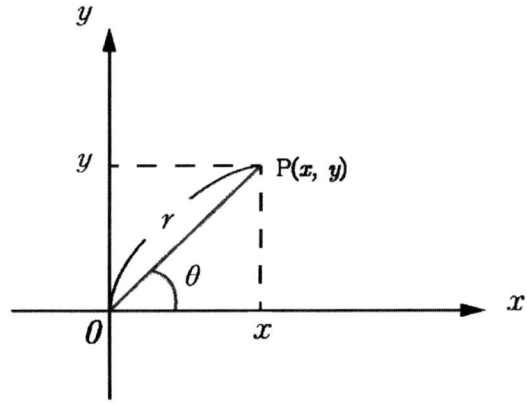

여기서 r은 원점과 점 P사이의 거리로

$$r = \sqrt{x^2 + y^2} \quad (6\text{-}1\text{-}1)$$

이 되고, θ는 x축 양의 방향과 OP가 이루는 각이다. 이 때

$$x = r\cos\theta$$
$$y = r\sin\theta$$

가 된다. 페르마는 x와 y의 관계가 그래프를 만들 듯이 r과 θ의 관계도 그래프를 그린다고 생각했다. 그리고 나선은

$$r = (a\theta)^n$$

의 식을 만족한다는 것을 알아냈다. 다음 그림은 $a=1, n=1$일 때의 나선의 식 $r=\theta$을 그래프로 그린 것이다.

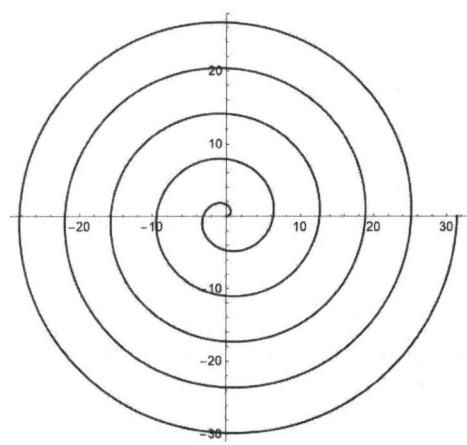

다음 그림은 $a=1, n=2$일 때의 나선의 식 $r=\theta^2$을 그래프로 그린 것이다.

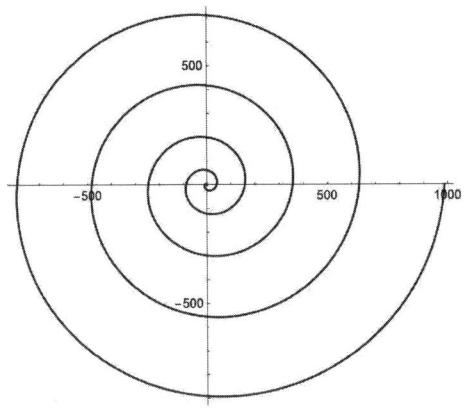

페르마는 또한 곡선의 극대점과 극소점을 찾는 문제를 연구했다. 극대점이란 그래프 상에서 정상을 나타내는 점이고 극소점이란 골짜기를 나타내는 점이다. 다음 그림은 $y=f(x)=x^3-3x^2+3$의 그래프이다.

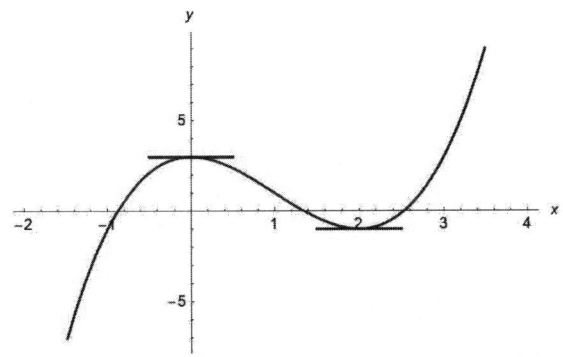

여기서 (0,5)는 극대점이고, (2,-1)은 극소점이다. 페르마는 극대점이나 극소점에서 접선의 기울기가 0이 된다는 사실에 주목했다. 페르마는

주어진 함수 $y = f(x)$에서 접선의 기울기가 0이 되는 점을 찾는 방법을 고안했다. 다음 그림을 보자.

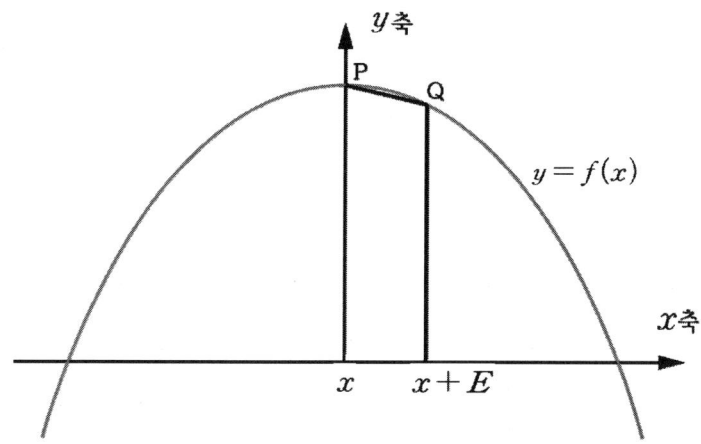

이 때 선분 PQ의 기울기를 m이라고 하면,

$$m = \frac{f(x+E) - f(x)}{E}$$

이 된다. 페르마는 P점이 극대점이 되기 위해서는 E가 아주 작은 값이 될 때 PQ의 기울기가 0이 되어야 한다고 생각했다. 즉 극대점이 되기 위한 조건은 E가 아주 작은 값일 때

$$m = \frac{f(x+E) - f(x)}{E} = 0$$

에 의해 결정된다고 생각했다. 예를 들어 $f(x) = -x^2 + 1$의 극대점을

페르마의 방법으로 구해보자. 이 그래프는 다음과 같다.

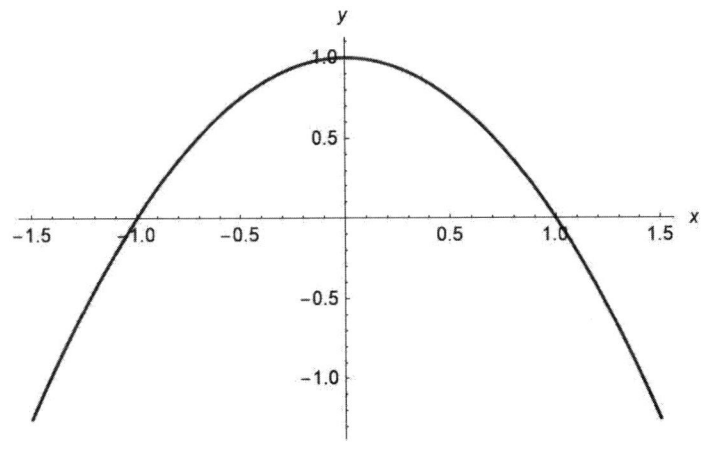

이 때

$$m = \frac{f(x+E) - f(x)}{E}$$

$$= \frac{-(x+E)^2 + x^2}{E}$$

$$= \frac{-2xE - E^2}{E}$$

$$= -2x - E$$

여기서 E가 아주 작은 값이므로 무시하면

$$m = -2x$$

가 되므로

$x = 0$에서 극대값을 가진다는 것을 알 수 있다. 페르마의 극대점과

극소점을 구하는 방법은 훗날 뉴턴과 라이프니츠의 미분 연구에 큰 영향을 주었다.

페르마의 또 하나의 업적은 $n \neq -1$일 때 $y=x^n$와 x축과 $x=a$로 둘러싸인 넓이를 구하는 문제이다. 여기서 a는 양수이다. 예를 들어 $n=2$이면 다음 그림이 된다.

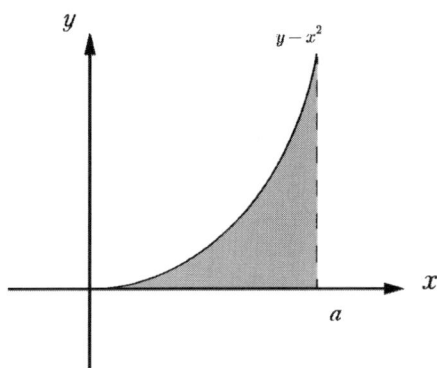

먼저 다음 식을 보자.

$$S = 1 + x + x^2 + \cdots + x^n \qquad (6\text{-}1\text{-}2)$$

이 식에 x를 곱하면

$$xS = x + x^2 + \cdots + x^n + x^{n+1} \qquad (6\text{-}1\text{-}3)$$

이 된다. 식(6-1-2)에서 식(6-1-3)을 빼면

$$(1-x)S = 1 - x^{n+1}$$

이므로

$$1 - x^{n+1} = (1-x)(1 + x + x^2 + \cdots + x^n) \qquad (6\text{-}1\text{-}4)$$

이 된다.

이제 페르마의 넓이 공식을 살펴보자. 페르마는 다음 그림과 같이 0과 a사이에 점 $a, aE, aE^2, aE^3, \cdots$를 차례로 잡고 $E < 1$로 택했다. 각 점에서 그는 곡선 $y = x^n$ 에 대해 x축과 수직인 세로선을 그리고 다음과 같이 무한 개의 직사각형을 만들었다.

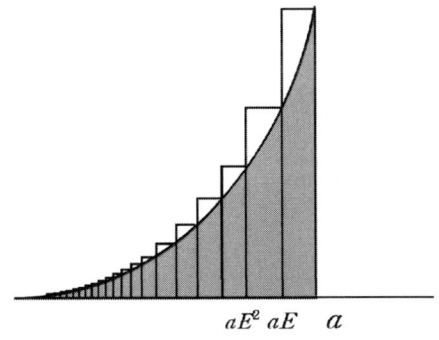

이 때 가장 큰 직사각형은 세로의 길이가 a^n이고 가로의 길이가
$$a - aE$$
이므로 이 직사각형의 넓이는
$$a^n(a - aE) = a^{n+1}(1 - E)$$
가 된다. 두 번째로 큰 직사각형은 세로의 길이가 $(aE)^n$이고 가로의 길이가
$$aE - aE^2$$
이므로 이 직사각형의 넓이는

$$(aE)^n(aE-aE^2) = a^{n+1}(1-E)E^{n+1}$$

가 된다. 세 번째로 큰 직사각형은 세로의 길이가 $(aE^2)^n$이고 가로의 길이가

$$aE^2 - aE^3$$

이므로 이 직사각형의 넓이는

$$(aE^2)^n(aE^2-aE^3) = a^{n+1}(1-E)(E^{n+1})^2$$

가 된다. 그러므로 이들 직사각형의 넓이의 합을 A라고 하면

$$A = a^{n+1}(1-E) + a^{n+1}(1-E)E^{n+1} + a^{n+1}(1-E)(E^{n+1})^2 + \cdots$$

이 된다. 이것은 첫째항이 $a^{n+1}(1-E)$이고, 공비가 E^{n+1}인 무한등비급수의 합[1]이므로

$$A = \frac{a^{n+1}(1-E)}{1-E^{n+1}}$$

이 되며, 식(6-2-4)를 이용하면

$$A = \frac{a^{n+1}}{1+E+E^2+\cdots+E^n} \quad (6\text{-}1\text{-}5)$$

---

[1] 네이버 카페 <정완상의 수학과 물리> 0003

페르마는 E가 1에 가까워지면 직사각형의 밑변의 길이가 0에 가까워져 직사각형의 넓이의 합이 곡선 아래의 넓이에 가까워진다고 생각했다. 식(6-1-5)에서 E에 1을 넣으면

$$A = \frac{a^{n+1}}{n+1}$$

이 된다.

페르마의 이 방법은 훗날 뉴턴의 구분구적법에 큰 기여를 한다.

1-2 페르마의 소수 연구

1640년 페르마는 소수만을 나오게 하는 공식을 발표했는데 그것은 다음과 같은 꼴이다.

$$2^{2^N}+1$$

페르마는 이 식의 N에 0, 1, 2, 3, …을 대입하면 항상 소수가 나온다고 믿었다. 예를 들어, $N=0$을 대입하면 $2^0 = 1$이므로 $2^{2^N}+1$는 2^1+1이 되어 3이 된다. 페르마의 공식에서 N에 0부터 5까지를 대입해 보자.

N	$2^{2^N}+1$
0	3
1	5
2	17
3	257
4	65537
5	4294967297

하지만 페르마의 생각은 틀린 것으로 판명되었다. 1732년 스위스의 수학자 오일러는 초인적인 계산을 통해 4294967297이 소수가 아님을 발견했다. 그의 계산에 따르면 4294967297 = 6700417 × 641로 소인수분해가 되므로 4294967297은 소수가 아니었다.

이제 소수의 일반항에 도전한 메르센에 대한 이야기를 해보자.

(Marin Mersenne , 1588 - 1648, 프랑스)

페르마와 더불어 17세기의 유명한 아마추어 수학자인 메르센은 1588년 프랑스의 멘 우아제에서 태어났다. 그는 1611년 파리의 로마 가톨릭 수도회에 가입했고 1614년 네베르에 있는 미니 수도회에서 철학을 가르쳤다. 연금술과 점성술을 믿지 않는 그는 데카르트의 철학과 갈릴레오의 천문학 이론을 지지하며 다른 한편으로는 소수의 신비로움에 사로잡혔다.

메르센은 유럽의 여러 철학자들, 수학자들, 과학자들과 자주 만나 이야기하고 편지를 주고받으며 친분을 쌓았다. 당시에는 과학 학술지가 없었기 때문에 다른 사람들이 자신과 똑같은 연구를 하고 있다는 것을 알 수 있는 방법이 없었다. 메르센은 데카르트, 데자르그, 페르마, 파스칼, 갈릴레오 등과의 대화를 통해 새로운 지식을 얻을 수 있었다. 그 당시 과학이나 수학에서의 새로운 발견을 메르센에게 알려주는 것은 자신의 발견을 유럽 전역에 알리는 것과 같다고 얘기할 정도로 메르센은 수학과 과학계에서 발이 넓었다.

1644년 메르센은 세상을 깜짝 놀라게 하는 공식을 발표했다. 그것은 소수를 만들어 내는 공식이었다. 메르센은 어떤 소수 n에 대해

$$2^n - 1$$

이 소수가 될 수 있다는 것을 알아냈다. n에 2, 3, 5, 7을 넣으면 $2^n - 1 =$ 3, 7, 31, 127 이 되어 모두 소수가 된다. 하지만 n이 11일 때는 $2^n - 1 = 2047$이 되는 데 $2047 = 23 \times 89$ 이므로 소수가 아니다. 결국 모든 소수 n에 대해 $2^n - 1$이 소수가 되는 것이 아니라 어떤 특정한 소수 n에 대해서 $2^n - 1$이 소수가 된다. 메르센은 $2^n - 1$이 소수가 되게 하는 n의 값을 찾아보았다. 그 결과는 다음과 같다.

$$2, 3, 5, 7, 13, 19, 31, 67, 127, 257, \cdots$$

1644년 메르센은 이 내용을 자신의 책 《 물리수학 고찰 (Cogitata Physio-Mathematica)에 실었다. 이런 꼴로 소수가 되는 것을 수학자들은 메르센의 이름을 붙여 메르센 소수라고 부르고 M_n이라고 쓴다.

$$M_n = 2^n - 1 \quad (n은 소수)$$

그러니까

$M_2 = 3$

$M_3 = 7$

$M_5 = 31$

$M_7 = 127$

$M_9 = 511$

이 된다. 1750년 오일러는

$$M_{31} = 2147483647$$

을 찾아냈고 1876년 프랑스의 수학자 뤼카(François Édouard Anatole Lucas 1842 - 1891)은

$$M_{127} = 170141183460469231731687303715884105727$$

이 소수라는 것을 알아냈다.

전 세계 소수 매니아들은 컴퓨터를 이용하여 보다 큰 메르센 소수를 찾기 위해 혈안이 되었다. 1963년 미국 일리노이 대학에서 컴퓨터로 찾아낸 23번째 메르센 소수 $2^{11213} - 1$의 발견을 축하하는 기념우표가 나올 정도였다.

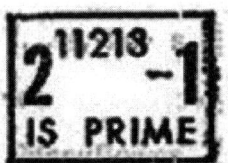 

〈메르센 소수 기념 우편 스탬프〉

2006년에는 미국 센트럴 미주리 주립대학의 학자들이 그 전까지의 기록을 깨고 최대의 소수를 발견했다. 스티븐 분과 커티스 쿠퍼 등 연구진은 700대의 컴퓨터를 이용하여 915만2천52자리의 메르센 소수를 발견했는데 이 결과는 프랑스 그르노블의 그르노블 연구센터가 글루카스 프로그램을 이용해 5일 만에 검증했다. 이 소수는 메르센 소수로서는 43번째 것으로

$$2^{34021457} - 1$$

의 꼴이었다.

 한편 1996년 조지 울트만은 "최초로 1천만 자리의 소수를 발견하는 사람에겐 미 전기프론티어재단이 10만 달러의 상금을 줄 예정"이라며 그 시기는 수 주 내 또는 수년 후가 될 수도 있을 것이라고 내다보았다. 그는 "더 큰 소수가 많이 있을 것"이라며 "인터넷이 가능한 컴퓨터를 갖고 있는 사람이라면 누구나 참여할 수 있다"고 덧붙였다.

 지금까지 발견된 가장 큰 메르센 소수는[2]

$$2^{82589933} - 1$$

이다. 다음 그래프는 몇 개의 메르센 소수를 그래프로 나타낸 거네.

---

2) 2018년 12월 7일까지의 기록임

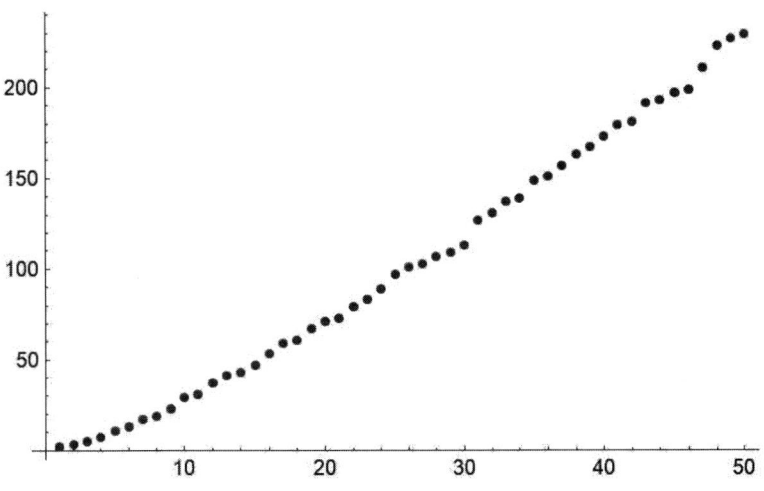

1-3 페르마의 마지막 정리

이제 페르마의 작은 정리를 알아보자.

[페르마의 작은 정리] k가 자연수이고 p가 소수일 때 $k^p - k$는 항상 p의 배수이다.

예를 들어, $k = 2$이고 $p = 7$이면 $k^p = 2^7 = 128$이고, 128-2 = 126 = 7 × 18이 되어 7의 배수가 된다. 페르마는 이 정리를 1640년 8월 18일 친구인 프랑스 수학자 드 베시 (Bernard Frénicle de Bessy 1604 - 1674)에게 보냈다. 페르마는 이항정리 공식을 몰랐기 때문에 이 정리를 증명하지 못했다. 이 정리는 1736년 오일러가 증명했다.

피타고라스의 정리를 좀 더 일반화된 모습으로 확장한 정리를 발표한 사람은 페르마인데 그가 1640년에 발견한 이 정리를 페르마의 마지막 정리라고 부른다. 페르마는 자신이 즐겨 있던 디오판토스의 <<산술>>이라는 수학책에 낙서하는 걸 좋아했는데 그가 죽은 후 아들이 그의 유품을 정리하던 중 <<산술>>의 여백에서 페르마의 마지막 정리가 발견되었다. 페르마의 마지막정리로 알려진 이 정리는 다음과 같다.

[페르마의 마지막 정리] n이 2보다 큰 자연수일 때 $x^n + y^n = z^n$을 만족하는 세 자연수 x, y, z는 존재하지 않는다.
 페르마는 이 정리를 적어두면서 그 밑에 " 나는 이 정리를 증명할 수는

있지만 여백이 너무 좁아 증명을 쓸 수가 없어 비워둔다. " 라는 말을 남겼다. 페르마가 죽은 후 이 정리는 많은 사람들의 관심을 끌었다.

페르마는 이 정리 중 $n=4$인 경우를 증명했다. 페르마가 어떻게 증명했는지를 알아보기 전에 잠시 명제에 대해 알아보자.

참 거짓을 구별할 수 있는 문장이나 식을 명제라고 하고, 'p이면 q이다.'꼴의 명제를 $p{\rightarrow}q$로 나타내고 p를 가정 q를 결론이라고 한다. 명제 p에 대해 'p가 아니다.'라는 명제를 p의 부정이라고 하고 $\sim p$라고 쓴다. 명제 $p \rightarrow q$에 대해 $\sim q \rightarrow \sim p$를 대우명제라고 하고 명제와 대우명제의 참 거짓은 일치한다[3]).

이제 페르마의 증명을 알아보자.

[정리1] $a^4+b^4=c^4$을 만족하는 세 개의 자연수 (a,b,c)는 존재하지 않는다.

[정리2] $a^4+b^4=C^2$을 만족하는 세 개의 자연수 (a,b,C)는 존재하지 않는다.

정리 2를 증명하면 정리1을 증명하는것과 같다. 왜 그런지 알아보자. 다음과 같이 명제를 만들자.

[3) 더 자세한 내용은 네이버카페< 정완상의 수학과 물리>0004를 보라.

[명제]

$a^4 + b^4 = C^2$을 만족하는 세 개의 자연수 (a, b, C)가 존재하지 않으면 $a^4 + b^4 = c^4$을 만족하는 세 개의 자연수 (a, b, c)는 존재하지 않는다.

이 명제의 대우명제는 다음과 같다.

[대우명제]

$a^4 + b^4 = c^4$을 만족하는 세 개의 자연수 (a, b, c)가 존재하면 $a^4 + b^4 = C^2$을 만족하는 세 개의 자연수 (a, b, C)가 존재한다.

대우명제가 참이면 원래의 명제도 참이다. 대우명제가 참이라는 걸 보이자. $a^4 + b^4 = c^4$을 만족하는 세 개의 자연수를 (a_0, b_0, c_0)라고 하면

$$a_0^4 + b_0^4 = c_0^4 \quad (6\text{-}3\text{-}1)$$

이다. 이제 $C_0 = c_0^2$이라고 두면 식(6-3-1)는

$$a_0^4 + b_0^4 = C_0^2$$

이 된다. 즉 세 자연수 (a_0, b_0, C_0)는 방정식

$$a^4 + b^4 = C^2$$

을 만족한다.

그러므로 우리는 $a^4 + b^4 = C^2$을 만족하는 세 개의 자연수 (a,b,C)가 존재하지 않는다는 것을 보이면 된다. 그러면 $a^4 + b^4 = c^4$을 만족하는 세 개의 자연수 (a,b,c)는 존재하지 않는다.

이 정리를 귀류법으로 증명해 보자. $a^4 + b^4 = C^2$을 만족하는 서로 소이면서 가장 작은 수들로 이루어진 삼중수 (a_0, b_0, C_0)가 존재한다고 가정하자. 이 때

$$a_0^4 + b_0^4 = C_0^2 \quad (6\text{-}3\text{-}2)$$

이 된다. 이 때

$$a_0^2 = A$$
$$b_0^2 = B$$

라고 두면, 식(6-3-2)는

$$A^2 + B^2 = C_0^2$$

이 되고, 이 식을 만족하는 삼중수는

$$(A, B, C_0) = (a_0^2, b_0^2, C_0)$$

이 된다. A를 홀수, B를 짝수, C_0를 홀수라고 하면

$$A = a_0^2 = m^2 - n^2$$
$$B = b_0^2 = 2mn$$
$$C_0 = m^2 + n^2 \quad (m > n) \quad (6\text{-}3\text{-}3)$$

이 된다. 이때 a_0는 홀수, b_0는 짝수, C_0는 홀수가 된다.

이 때 식(6-3-3)로부터

$$n^2 + a_0^2 = m^2$$

이 되고 (n, m, a_0)는 서로 소이다.

식(6-3-3)에서 a_0가 홀수이므로 n은 짝수, m은 홀수로 놓을 수 있다. 따라서 다음과 같이 놓을 수 있다.

$$a_0 = X^2 - Y^2$$
$$n = 2XY$$
$$m = X^2 + Y^2 \quad (X > Y)$$

여기서 (X, Y)는 서로 소이다. 한편

$$b_0^2 = 2mn = 4XY(X^2 + Y^2)$$

또는

$$\left(\frac{b_0}{2}\right)^2 = XY(X^2 + Y^2)$$

이 되고, $X, Y, X^2 + Y^2$ 은 서로 소이다. 이것도 귀류법으로 증명할 수 있다. X와 $X^2 + Y^2$ 이 서로 소가 아니라면 이 두수는 1보다 큰 약수 g를 가지므로 다음과 같이 쓸 수 있다.

$X = gK$　(K는 자연수)

$X^2 + Y^2 = gL$　(L은 자연수)

이 때

$$Y^2 = g(L - gK^2)$$

이 되어, Y^2 은 g의 배수이다. 따라서 Y도 g의 배수이다. 그러면 X와 Y가 g의 배수가 되어 두 수가 서로 소라는 조건에 모순이 된다. 그러므로 $X, Y, X^2 + Y^2$ 은 서로 소이다. $X, Y, X^2 + Y^2$ 은 서로 소이므로 이 세수는 제곱수이다. 이것을 다음과 같이 나타내자.

$X = A_1^2$

$Y = B_1^2$

$X^2 + Y^2 = C_1^2$

그러면

$$A_1^4 + B_1^4 = C_1^2$$

를 만족하는 세 자연수 (A_1, B_1, C_1)이 존재한다.

이 때

$$A_1^4 + B_1^4 = X^2 + Y^2 = m$$

이다. 그런데

$$m < m^2 + n^2 = C_0$$

이므로

$$A_1^4 + B_1^4 < C_0 < C_0^2$$

이다. 그러므로

$$C_1^2 < C_0^2$$

즉

$$C_1 < C_0$$

가 되어, (A_1, B_1, C_1)이 (A, B, C_0)보다 더 작은 수들로 구성되어있다. 이것은 (A, B, C_0)이 가장 작은 수들로 이루어져 있다는 가정에 모순이 된다. 그러므로 $a^4 + b^4 = C^2$을 만족하는 서로 소인 세 자연수는 존재하지 않는다.

제2장

파스칼

2-1 파스칼

이제 천재수학자 파스칼의 이야기를 해보자.

(Blaise Pascal   1623 - 1662, 프랑스)

파스칼은 프랑스 오베르뉴 지역에 있는 클레르몽페랑에서 태어났다. 그는 세 살 때 어머니를 여의었다. 파스칼의 아버지는 과학과 수학에 관심이 많은 판사였다.

1631년에 파스칼의 가족은 파리로 이사했다. 아들의 수학적인 재능을 알아차린 아버지는 파스칼을 학교에 보내지 않고 집에서 가르쳤다. 어린 파스칼은 수학과 과학에 놀라운 재능을 보였다. 12살 때 파스칼은 기하학을 배우지 않은 상태에서 삼각형의 내각의 합이 180도라는 것을 스스로 증명했다. 그러자 파스칼의 아버지는 파스칼에게 에우클리드의 <원론>을 사주었고 이때부터 파스칼은 <원론>을 독학으로 공부했다. 13살 때 파스칼은 유명한 파스칼의 삼각형을 발견했고, 14살 때 프랑스 수학자 단체(현재 프랑스 학술원)의 주 정기 회동에 참가했다.

파스칼은 16세 때 원뿔 단면을 연구한 논문 "Essai pour les coniques"("Essay on Conics")을 썼다. 이 논문을 읽은 데카르트는 이렇게 훌륭한 논문을 16세의 파스칼이 쓸 수 없다며, 파스칼의 아버지가 쓴 논문을 아들의 이름으로 게재했다고 생각했다. 하지만 이 논문은 아버지의 도움 없이 16세의 파스칼이 연구했다는 것이 수학자 메르센느에 의해 알려지게 되면서 파스칼은 프랑스 수학계의 주목을 받기 시작했다. 1642년, 파스칼은 세무 감독관으로 일하며 일일이 수작업으로 수많은 양의 세금을 계산하느라 고생하는 아버지를 위해서 톱니바퀴를 이용한 최초의 기계식 계산기를 만들었다.

(파스칼의 계산기)

 1654년 말경에 그는 신학에 몰두했다. 그는 말년에는 치통과 두통에 시달리며 잠도 제대로 못 이룰 정도로 고통스러운 나날을 보내다가 1662년 8월 19일 누이의 집에서 경련 발작으로 단 39세의 젊은 나이에 세상을 떠났다.

2-2 파스칼과 페르마의 확률이론

 이제 파스칼과 페르마가 확률의 역사에서 한 일을 알아보자. 1654년 도박꾼 드 메레 (de Mere)는 수학을 이용해 도박에서 승률을 높였다. 그는 갑자기 두 개의 문제에 대해 궁금해했다.

 (첫번째 문제) 한 개의 주사위를 네 번 던지는 경우, 적어도 한 번 6이

나오는 경우에 배팅을 하면 유리한데 왜 두 개의 주사위를 24번 던졌을 때 적어도 한 번 두 주사위의 눈이 모두 6인 경우에 배팅을 하면 불리한가?

(두번째 문제) 두 사람 A, B가 각자 같은 액수의 내깃돈을 걸고 게임을 해서 5판을 먼저 이긴 사람이 내깃돈을 모두 가지기로 했다. 그런데 A가 4승 3패로 앞서고 있던 중에 게임을 더 이상 할 수 없게 되었다면 내깃돈을 두 사람에게 어떻게 분배해야하는가?

드 메레는 이 두 문제에 대해 수학자 파스칼에게 의뢰했다. 파스칼은 페르마와 서신 왕래를 하면서 이 두 문제의 완벽한 해답을 제시했다. 이것이 최초의 확률 문제 풀이다.

첫 번째 문제를 풀어보자. 하나의 주사위를 던졌을 때 6의 눈이 나올 확률은 $\frac{1}{6}$이니까 4번 던져 적어도 한번 6의 눈이 나올 확률은

$$1 - \left(\frac{5}{6}\right)^4$$

이고, 이 값은 약 0.516으로 0.5보다 크므로 유리한 게임이 되요. 하지만 주사위를 두 개 던질 때 두 주사위의 눈이 모두 6일 확률은 $\frac{1}{36}$이므로 두 개의 주사위를 24번 던졌을 때 적어도 한 번 두 주사위의 눈이 모두 6일 확률은

$$1 - \left(\frac{35}{36}\right)^{24}$$

이고, 이 값은 약 0.491로 0.5보다 작으니까 불리한 게임이 된다.

두 번째 문제에 대해 파스칼과 페르마는 다음과 같이 사고했다. A가 이기는 경우는

8번째 경기에서 A가 이긴다.

또는

8번째 경기에서 B가 이기고 9번째 경기에서 A가 이긴다.
로 2가지 경우가 된다. 반면, B가 이기는 경우는

8번째 경기에서 B가 이기고 9번째 경기에서도 B가 이긴다

의 한 가지 경우이다.

파스칼과 페르마는 A가 이길 확률은

$$\frac{1}{2} + \frac{1}{2} \times \frac{1}{2} = \frac{3}{4}$$

이고, B가 이길 확률은

$$\frac{1}{2} \times \frac{1}{2} = \frac{1}{4}$$

이므로 내깃돈을 A:B= 3 : 1로 나누는 것이 공정하다는 것을 알아냈다.

2-3 이항계수와 파스칼의 삼각형

이제 경우의 수를 헤아리는 문제를 살펴 보자. 먼저 팩토리얼에 대해 알아보자. 어떤 자연수의 팩토리얼은 다음과 같이 정의된다.

$1! = 1$
$2! = 2 \times 1$
$3! = 3 \times 2 \times 1$
$4! = 4 \times 3 \times 2 \times 1$
$5! = 5 \times 4 \times 3 \times 2 \times 1$

$\vdots$

$$100 \times 99 \times \ldots \times 2 \times 1 = 100!$$

팩토리얼이라는 단어는 프랑스 수학자 아르보(Louis François Antoine Arbogast 1759 – 1803)가 1800년에 처음 사용했고, 팩토리얼을 나타내는 기호인 !는 1808년 프랑스의 수학자 크램(Christian Kramp 1760 – 1826)이 처음 사용했다.

팩토리얼은 다음과 같은 성질이 있다.
$$n! = n \times (n-1)!$$
이 되지. 여기에 $n=1$을 넣으면, $1! = 1 \times (1-1)!$로부터
$$1 = 0!$$
이 된다.

n개 중에서 r개를 택해 일렬로 배열하는 경우의 수를 n개 중에서 r개를 택한 순열이라고 하고 $_n\mathrm{P}_r$로 나타낸다.

다음과 같이 빈칸 r개를 그려보자.

1번 빈 칸에는 n가지 모두 올 수 있다. 하지만 2번 빈 칸에는 1번 빈칸에 선택된 것은 올 수 없으니까 $(n-1)$가지가 올 수 있다. 3번 빈칸에는 1번, 2번과 다른 것만 올 수 있으니까 $(n-2)$가지가 올 수 있다. 이런 식으로 하면, r번째 빈 칸에는 $n-(r-1)$(가지)가 올 수 있다. 그러므로 n개에서 r개를 택해 일렬로 배열하는 경우의 수는

$$n \times (n-1) \times (n-2) \times \ldots (n-(r-1))(\text{가지})$$

이다. 즉,

$$_n\mathrm{P}_r = n \times (n-1) \times (n-2) \times \ldots (n-(r-1)) \quad (7\text{-}3\text{-}1)$$

이 된다. 이 식은 다음과 같이 쓸 수 있다.

$$_n\mathrm{P}_r = \frac{n \times (n-1) \times (n-2) \times \ldots (n-r+1) \times ((n-r) \times (n-r-1) \times \ldots \times 2 \times 1)}{(n-r) \times (n-r-1) \times \ldots 2 \times 1}$$

$$= \frac{n!}{(n-r)!} \quad (7\text{-}3\text{-}2)$$

뽑아서 일렬로 세우지 않고 뽑기만 할 때의 경우의 수를 조합이라고

부른다. 네 개의 수 1, 2, 3, 4를 생각하자. 먼저 한 개를 뽑는 경우는

1
2
3
4

이므로 4가지이다. 두 개를 뽑기만 하는 경우는

1 2   1 3   1 4
2 3   2 4
3 4

이므로 6가지이다. 3개를 뽑기만 하는 경우는

1 2 3
1 2 4
1 3 4
2 3 4

이므로 4가지이다. 4개를 뽑는 경우는

1 2 3 4

으로 한 가지이다. 지금까지의 결과를 정리하면 다음과 같다.

전체 개수	선택된 개수	뽑아서 일렬로 배열하는 경우의수	뽑기만 하는 경우의 수
4	1	4	4
4	2	12	6
4	3	24	4
4	4	24	1

이 표는 다음과 같이 쓸 수 있다.

전체 개수	선택된 개수	뽑아서 일렬로 배열하는 경우의수	뽑기만 하는 경우의 수
4	1	4	$\dfrac{4}{1}$
4	2	12	$\dfrac{12}{2}$
4	3	24	$\dfrac{24}{6}$
4	4	24	$\dfrac{24}{24}$

전체 개수가 4개인 경우는 분모가 1, 2, 6, 24로 변했다. 이것을 팩토리얼 기호를 이용하여 다음과 같이 나타낼 수 있다.

전체 개수	선택된 개수	뽑아서 일렬로 배열하는 경우의수	뽑기만 하는 경우의 수
4	1	4	$\dfrac{4}{1!}$
4	2	12	$\dfrac{12}{2!}$
4	3	24	$\dfrac{24}{3!}$
4	4	24	$\dfrac{24}{4!}$

따라서 다음과 같이 쓸 수 있다.

전체 개수	선택된 개수	뽑아서 일렬로 배열하는 경우의수	뽑기만 하는 경우의 수
4	1	$_4P_1$	$\dfrac{_4P_1}{1!}$
4	2	$_4P_2$	$\dfrac{_4P_2}{2!}$
4	3	$_4P_3$	$\dfrac{_4P_3}{3!}$
4	4	$_4P_4$	$\dfrac{_4P_4}{4!}$

즉, 서로 다른 n개에서 순서를 따지지 않고 r개를 뽑는 경우의 수는

$$\frac{{}_n\mathrm{P}_r}{r!}$$

가 된다.   수학자들은 이것을 ${}_n\mathrm{C}_r$이라고 쓰고, n개에서 r개를 뽑는 조합의 수라고 부른다. 즉, n개에서 r개를 뽑는 조합의 수 ${}_n\mathrm{C}_r$은

$${}_n C_r = \frac{n(n-1)\cdots(n-r+1)}{r!} \quad (\, 0 \leq r \leq n \,) \quad \text{(7-3-3)}$$

이 된다. 예를 들어,

$${}_6\mathrm{C}_2 = \frac{6\times 5\times 4\times 3\times 2\times 1}{2!\times 4\times 3\times 2\times 1} = \frac{6!}{2!4!}$$

$${}_7\mathrm{C}_3 = \frac{7\times 6\times 5\times 4\times 3\times 2\times 1}{3!\times 4\times 3\times 2\times 1} = \frac{7!}{3!4!}$$

$${}_8\mathrm{C}_5 = \frac{8\times 7\times 6\times 5\times 4\times 3\times 2\times 1}{5!\times 3\times 2\times 1} = \frac{8!}{5!3!}$$

이 되므로,

$${}_6\mathrm{C}_2 = \frac{6!}{2!(6-2)!}$$

$${}_7\mathrm{C}_3 = \frac{7!}{3!(7-3)!}$$

$${}_8\mathrm{C}_5 = \frac{8!}{5!(8-5)!}$$

라고 쓸 수 있다. 일반적으로

$${}_n\mathrm{C}_r = \frac{n!}{r!(n-r)!} \quad \text{(7-3-4)}$$

이 성립한다. 이 식을 일반적으로 얻을 수 있다. (7-3-3)의 우변의 분자와 분모에 똑같이 $(n-r)!$을 곱해주면

$$_nC_r = \frac{n(n-1)\cdots(n-r+1)(n-r)!}{r!(n-r)!}$$

이 되고 분자는 $n!$과 같으므로

$$_nC_r = \frac{n!}{r!(n-r)!}$$

이 된다. 수학자들은 n개에서 r개를 뽑는 조합의 수 $_nC_r$을 이항계수라고 부르는데 이항계수는 다음과 같은 성질을 만족한다.

$$_nC_r = {_nC_{n-r}} \qquad (7\text{-}3\text{-}5)$$

이항계수는 인도 수학자 Halayudha (10세기 경 살았던 것으로 추정)에 의해 처음 도입되었고 그 후 페르시아의 수학자 알카라지(Abū Bakr Muḥammad ibn al Ḥasan al-Karajī, 953 – 1029)는 이항계수의 여러 가지 성질들을 알아냈다. 그는 그는 최초로 이항정리 공식

$$(x+y)^n = \sum_{r=0}^{n} {_nC_r} x^r y^{n-r} \qquad (7\text{-}3\text{-}6)$$

을 발견했다.

프랑스 수학자 파스칼은 1654년 <Traité du triangle arithmétique>라는 책4)에서 파스칼의 삼각형을 소개했다. 파스칼의 삼각형은 이항정리 공식에서 나오는 계수들이 만드는 삼각형이다. 식(1-2-6)에 $n = 1, 2, 3, 4$를 차례로 대입하면

$$(x+y)^1 = x+y$$
$$(x+y)^2 = x^2 + 2xy + y^2$$
$$(x+y)^3 = x^3 + 3x^2y + 3xy^2 + y^3$$
$$(x+y)^4 = x^4 + 4x^3y + 6x^2y^2 + 4xy^3 + y^4$$

이와 같은 이항정리에서 계수들만 써보면

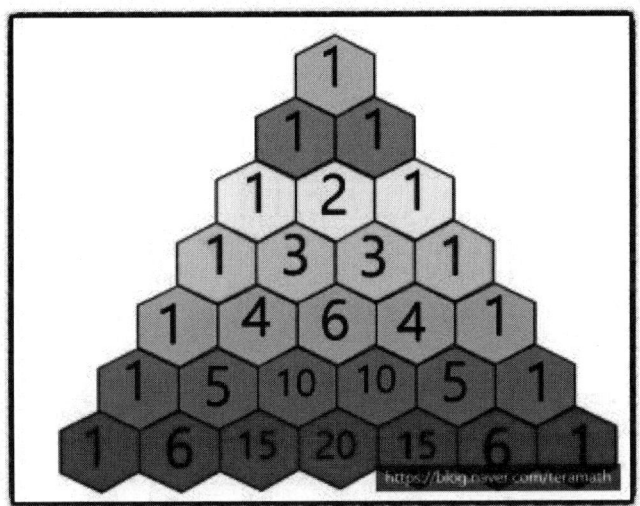

---

4) 1655년에 출간됨

이 나온다.

사실 파스칼의 삼각형을 알아낸 것은 파스칼이 처음은 아니었다. 역사적으로 보면 최초의 파스칼의 삼각형을 알아낸 것은 페르시아의 수학자 알카라지에 의해서였다. 중국에서도 파스칼 보다 먼저 11세기에 수학자 시안 (Jia Xian 1010-1070)에 의해 파스칼의 삼각형이 발견되었다.

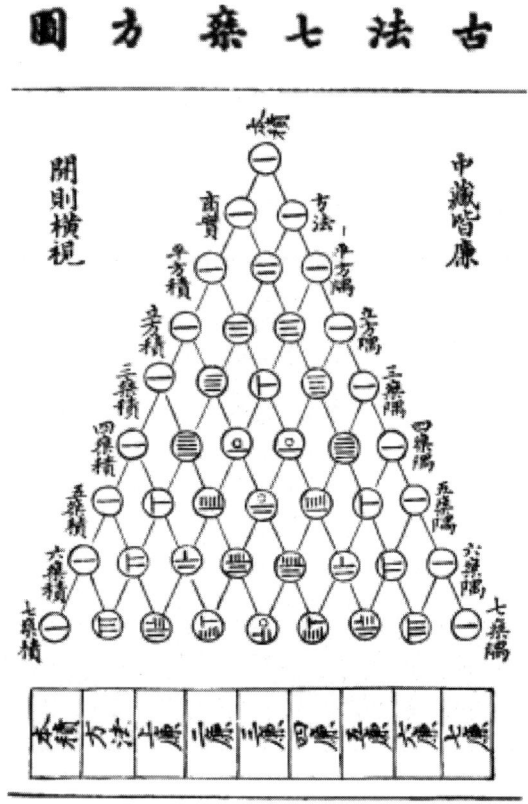

2-4 하위헌스의 기댓값

이제 확률분포의 기댓값을 처음 정의한 수학자이자 물리학자 하위헌스의 이야기를 해보자.

(Christiaan Huygens 1629 - 1695 네덜란드)

하위헌스는 1629년 네덜란드 헤이그에서 태어났다. 하위헌스는 유럽 전역의 지식인들과 광범위하게 서신을 교환했다. 그의 친구로는 갈릴레이, 메르센, 데카르트 등이 있다. 하위헌스는 16세까지 집에서 교육을 받았으며 어릴 때부터 방앗간과 기타 기계의 미니어처를 가지고 노는 것을 좋아했다. 그는 아버지로부터 그는 춤, 펜싱, 승마와 함께 언어,

음악, 역사, 지리, 수학, 논리, 수사학을 배웠다.

16세에 하위헌스는 라이덴 대학에 입학해 법과 수학을 공부했다. 이 시기에 그는 갈릴레이의 자유낙하법칙의 증명, 현수선의 원리, 발사체의 궤적에 관한 연구 등을 했다.

과학에서 하위헌스를 빛나게 하는 업적은 파동의 전파에 대한 하위헌스 원리와 진자시계의 발명이다. 그는 진자의 운동에 대한 갈릴레이 이론을 이용해 1673년 진자시계를 발명했다.

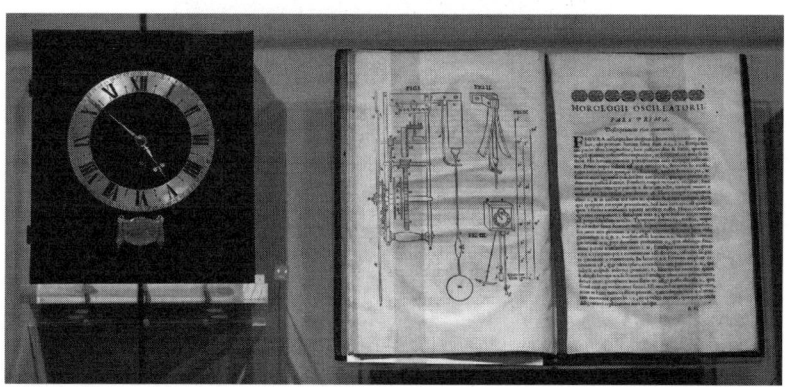

하위헌스는 1651년 < Theoremata de Quadratura Hyperboles, Ellipsis et Circuli (Theorems on the quadrature of the hyperbola, ellipse, and circle)>라는 책에서 쌍곡선, 타원, 원아래의 넓이를 계산하는 방법을 알아냈다.

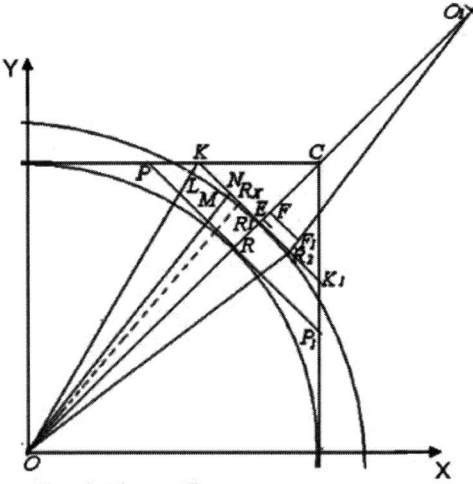

Рис. 2. Тема обратная квадратуре круга
Fig. 2. The theme a reverse of the quadrature of circle

수학의 역사에서 하위헌스의 또 하나의 업적은 기댓값의 도입이다. 그는 파스칼과 페르마의 편지내용을 연구한 후, 1657년 저서 < De ratiociniis in ludo aleæ>에서 확률이 주어져있을 때 기댓값을 결정하는 방법을 묘사했다.

주사위 하나를 던지는 경우를 보자.

앞면의 개수가 0개일 확률 = $\dfrac{1}{2}$

앞면의 개수가 1개일 확률 = $\dfrac{1}{2}$

이다. 이것을 표로 만들면 다음과 같다.

앞면의 개수	0	1
확률	$\dfrac{1}{2}$	$\dfrac{1}{2}$

앞면의 개수와 같이 그 값이 달라짐에 따라 각각의 확률이 달라지는 것을 확률변수라고 부른다. 확률 변수는 X로 나타내고 X가 0일 확률과 1일 확률을 각각 $P(X=0)$와 $P(X=1)$이라고 하면 다음과 같이 쓸 수 있다.

$$P(X=0) = \frac{1}{2}$$

$$P(X=1) = \frac{1}{2}$$

주어진 표는 확률변수 X가 가질 수 있는 모든 값과 그에 대응하는 확률을 나타낸 것인데 이것을 확률 분포표라고 부른다.

한 개의 동전을 던졌을 때 앞면이 몇 개 쯤 나올까 기대할 수 있는 값을 앞면의 개수의 기댓값이라고 부른다. 이것을 $E(X)$라고 쓰면 이것은 다음과 같이 정의된다.

$$E(X) = 0 \times P(X=0) + 1 \times P(X=1)$$

$$= \frac{1}{2}$$

즉, 앞면의 개수의 기댓값은 $\frac{1}{2}$이다.

100원짜리 동전을 던졌을 때 앞면에 해당하는 금액을 손님이 얻는 게임을 생각하자. 확률 변수 X를 앞면이 나온 동전에 쓰여 있는 금액이라고 하자. 뒷면이 나오면 $X=0$이고 앞면이 나오면 $X=100$이다. 이제 이 확률 변수에 대한 확률분포표를 만들면 다음과 같다.

X	0(원)	100(원)
P	$\frac{1}{2}$	$\frac{1}{2}$

이 확률분포에서 기댓값을 구하자. X의 값에 대응하는 확률을 곱해 모두 더하면 되니까

$$0 \times \frac{1}{2} + 100 \times \frac{1}{2} = 50(원)$$

이 되는 데 이것이 바로 이 게임의 기댓값이다.

제3장
뉴턴의 미분 적분 발견

3-1 월리스와 배로

 뉴턴의 미분적분이 나오기 전에 미분적분의 아이디어에 도전한 두 수학자는 영욱의 월리스와 배로이다. 먼저 월리스에 대한 이야기를 해보자.

(John Wallis 1616 - 1703 영국)

 월리스는 오트레드의 제자였고, 1649년 영국 옥스퍼드 대학교 기하학 교수가 되었고 죽을 때 까지 옥스퍼드 교수로 지냈다. 오트레드는 1656년

<무한의 수론, Arithemetica infinitorium>이라는 책을 썼는데 이 책에서 그는 n이 자연수가 아닌 경우에도 $x=0$에서 $x=1$까지 곡선 $y=x^n$ 아래의 넓이가 $\dfrac{1}{n+1}$이 된다는 것을 알아냈다. 이것은 카발리에리의 생각을 지수가 자연수가 아닌 경우의 곡선으로 확장한 것이었다.

월리스는 또한 $x=0$에서 $x=1$까지 곡선 $y=(1-x^2)^n$의 넓이를 계산했다. 월리스는 $n=0,1,2,3,\cdots$로 변할 때 이 넓이가 $1, \dfrac{2}{3}, \dfrac{8}{15}, \dfrac{16}{35}, \cdots$가 된다는 것을 알아냈다. 월리스의 이러한 연구는 훗날 뉴턴과 라이프니츠가 적분을 정의하는데 큰 기여를 했다.

월리스는 또한 상상할 수 없을 정도로 큰 수를 무한대라고 하고 그 기호를 ∞로 처음 사용했다. 그는 또한 무한소는 상상할 수 없을 정도로 작아 0에 거의 가까운 수이므로 이들 사이의 관계는

$$\dfrac{1}{\infty}=0$$

가 된다고 주장했다.

월리스의 연구가 적분 탄생에 큰 기여를 했다면 미분 탄생에 큰 기여를 한 수학자는 영국의 배로이다.

(Isaac Barrow 1630 - 1677 영국)

  배로는 런던에서 태어났다. 그의 아버지는 무역상이었다. 배로는 어릴 때 말썽꾸러기였다. 아버지는 만일 하나님이 자식중 하나를 데려가겠다면 기꺼이 배로를 내놓겠다고 할 정도였다.

  배로는 케임브리지 대학에 입학해 수학을 공부했고 그리스어에 능숙했다. 1652년 케임브리지 대학에서 석사 학위를 받은 배로는 프랑스, 이탈리아, 튀르키예등을 여행하다가 1659년에 영국으로 돌아왔다. 1660년 그는 케임브리지 대학의 그리스어 교수직에 임명되고 1662년에 그는 그레셤 대학의 기하학 교수가 되었다.

  배로는 페르마의 접선에 대한 정의를 공부한 후 접선에 대한 새로운 아이디어를 냈다. 배로의 접선에 대한 생각을 알아보자.

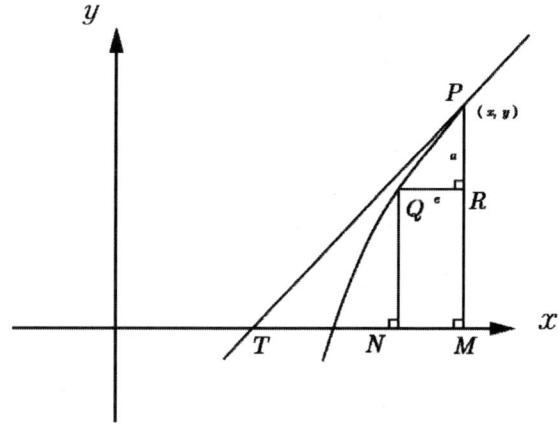

위 그림에서 점 Q가 점 P에 가까워진다면 삼각형 PTM과 삼각형 PQR이 닮음이므로

$$\frac{\overline{RP}}{\overline{QR}} = \frac{\overline{MP}}{\overline{TM}}$$

이다. 이 때 $\overline{QR} = e$, $\overline{RP} = a$라고 놓고 P의 좌표를 (x, y)라고 하면, Q의 좌표는 $(x-e, y-a)$이다. 이 두 점이 곡선의 방정식을 만족한다고 하고 e, a가 아주 작다고 가정하면 점 P와 점 Q는 거의 같아지므로 이 때 $\dfrac{a}{e}$가 접선의 기울기가 된다.

배로의 방법으로 곡선 $x^3 + y^3 = r^3$의 점 (x, y)에서 접선의 기울기를 구해보자. $(x-e, y-a)$가 곡선의 방정식을 만족하면

$$(x-e)^3 + (y-a)^3 = r^3$$

이다. e, a가 너무 작으므로 e^2, a^2, e^3, a^3등을 무시하면 위 식은

$$x^3 - 3ex^2 + y^3 - 3ay^2 = r^3$$

이 된다. 여기서 $x^3 + y^3 = r^3$이므로,

$$-3ex^2 - 3ay^2 = 0$$

되어 접선의 기울기는

$$\frac{a}{e} = -\frac{x^2}{y^2}$$

이 된다. 배로는 이 방법으로 여러 가지 곡선에 대한 접선의 기울기를 구할 수 있었고, 배로의 이러한 생각은 제자인 뉴턴이 미분을 발견하는데 큰 기여를 했다.

3-2 뉴턴

 수학자이자 물리학자인 뉴턴은 갈릴레이가 죽은 해인 1642년 영국의 울스소프라고 부르는 작은 마을에서 미숙아로 태어났다. 뉴턴의 아버지는 뉴턴이 태어나기 전에 돌아가셨고 어머니는 뉴턴이 세 살 때 63세의 마을 목사와 재혼했다. 이때부터 뉴턴은 어머니와 떨어져 할머니와 살게 되었다.

(Sir Isaac Newton 1642 - 1726)

 뉴턴은 항상 무언가를 만드는 것을 좋아했는데 열네 살 때는 여동생을 위해 생쥐의 힘을 이용하여 돌아가는 풍차와 물의 힘으로 작동되는 나무 시계 등을 만들어 주기도 했다.

뉴턴은 어릴 때부터 공부를 잘 한편은 아니었다. 뉴턴이 킹스 스쿨이라는 초등학교를 다닐 때 시험 성적은 아주 나빠서 80명 학생 중에서 거의 꼴등이었다. 그래서 뉴턴은 공부를 못하는 아이들끼리 모인 반에서 수업을 받았다. 어린 시절 뉴턴의 운명을 바꿔 놓은 사건이 있었다. 반에서 공부를 잘하는 학생이 뉴턴에게 공부를 못한다고 놀리는 사건이었다. 화가 머리끝까지 치민 뉴턴은 그 친구와 결투를 하여 이기고 그 날부터 뉴턴은 공부를 잘 하는 친구들을 이기고 싶어 했다. 그 일이 있고 난 후 뉴턴은 반에서 1, 2등을 다투는 모범생이 되었다.

뉴턴은 18살에 영국 케임브리지 대학에 입학해 수학과 물리를 공부했다. 혼자 있기를 좋아하는 뉴턴은 과학책과 수학책을 닥치는 대로 읽었다. 뉴턴이 주로 읽은 책은 유클리드의 <원론>, 갈릴레이의 <새로운 과학과의 대화>와 데카르트 <기하학> 등이었다. 당시 케임브리지 대학에는 유명한 수학자 배로가 있었다. 배로의 연구는 뉴턴이 미분을 만들어 내는 데 큰 영향을 주었다.

1665년 뉴턴이 영국 케임브리지 대학에서 수학을 공부하고 있을 때 영국에는 무시무시한 페스트가 퍼지고 있었다. 페스트는 쥐들이 옮기는 전염병인데 당시에는 페스트를 치료할 수 있는 약이 없어 한 번 걸리면 거의 죽게 되는 무서운 병이었다. 뉴턴은 이 무서운 전염병을 피하기 위해 사람들이 많이 살지 않는 조용한 고향 울스소프로 내려갔다. 그리고 2년 동안 고향집에서 혼자 연구했다. 만유인력과 운동 법칙과 미분 적분을 비롯한 뉴턴의 수많은 업적들은 이 시기에 이루어졌다.

뉴턴의 고향집에는 조그만 사과나무가 있었는데 뉴턴은 사과나무 아래 누워 명상에 잠기는 것을 좋아했다. 뉴턴이 이 사과나무 아래 누워 사색에 잠겨 있던 중 잘 익은 사과 하나가 바닥으로 떨어지는 것을 보고 뉴턴이 만유인력의 법칙을 발견했다는 일화도 있다.

〈케임브리지 대학 식물원에 있는 뉴턴의 사과나무〉

페스트가 사라진 1667년 뉴턴은 케임브리지 대학으로 돌아갈 수 있었다. 그리고 1669년 뉴턴은 26살의 나이로 케임브리지 대학의 교수가 되었다. 교수가 된 뉴턴은 학생들에게 수학과 물리를 가르쳤다. 하지만 뉴턴의 강의가 너무 어려워 수업을 듣겠다는 학생은 아주 적었다.

〈케임브리지 대학 트리니티 칼리지〉

 이 시기에 뉴턴은 새로운 망원경을 발명했다. 그 당시까지의 망원경은 렌즈를 이용하는 망원경이었다. 하지만 렌즈를 이용하면 빛의 굴절 때문에 상이 흐리게 보여 우주를 정확하게 관측할 수 없었다. 뉴턴은 다른 원리로 망원경을 만들어 보기로 했다. 그것은 렌즈 대신 거울을 이용하는 것이었다. 이것은 거울을 통해 빛을 반사시켜 물체를 크게 볼 수 있으므로 반사망원경이라고 부른다.

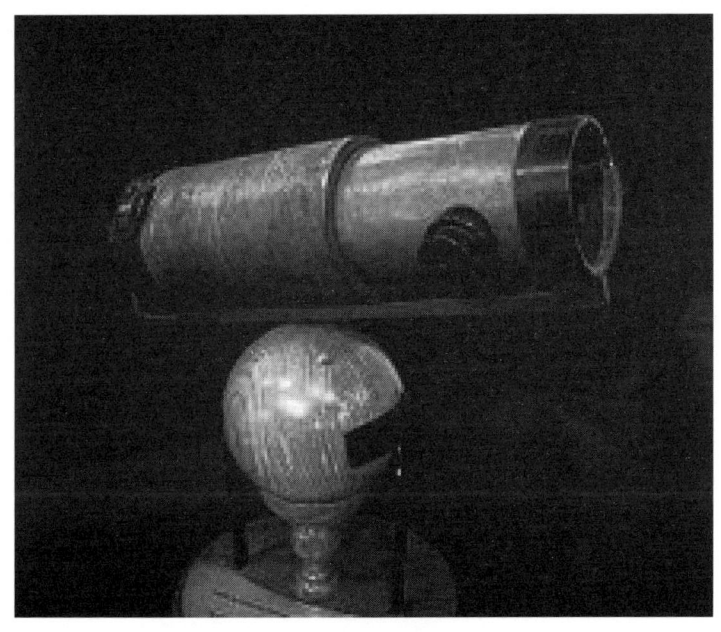

〈뉴턴의 반사망원경〉

　뉴턴은 1671년 반사망원경을 영국 왕립학회에 제출했고 그 덕에 1671년부터 왕립학회의 회원이 되었다. 1687년 뉴턴은 만유인력과 운동의 법칙을 다룬 《《프린키피아》》라는 책을 출간했다. 그 후 1703년 영국 왕립학회의 회장이 되었고 1705년에는 영국 앤여왕으로부터 기사 작위를 받고 과학자중 최초로 '경(Sir)'의 칭호를 받게 되었다. 1727년 뉴턴은 84세의 나이로 조용히 눈을 감았고 성대한 장례식과 함께 웨스트민스터 성당에 묻혔다.

3-3 라이프니츠

이제 뉴턴과 동시대에 독립적으로 미분과 적분을 발견한 라이프니츠의 이야기를 해보자.

(Gottfried Wilhelm Leibniz , 1646- 1716)

라이프니츠는 1646년에 독일의 라이프치히에서 태어났다. 그는 6살때, 부친이 사망했고, 모친에 의해 양육되었다. 그의 부친은 라이프지히 대학교 철학 교수였으며, 그는 부친의 개인 도서실을 상속받았다. 이것은 그로 하여금 방대한 서적을 접할 수 있는 기회를 만들어 주었다.

라이프니츠는 학교에 들어가기 전부터 독학으로 라틴어와 철학을 공부했다. 그는 열네 살에 라이프치히 대학에 입학해 철학공부를 했다. 그

때 그는 베이컨, 갈릴레이 그리고 데카르트의 책을 열심히 읽었다. 그는 법학에 관심이 있어 박사 과정에 진학하려했지만 라이프치히 대학은 그가 어리다는 이유로 입학을 허가하지 않았다. 그래서 그는 뉘른베르크 근처에 있는 알트도르프 대학으로 진학해 1667년에 '결합술에 관한 논고'라는 논문으로 박사 학위를 받았다.

라이프니츠는 1692년과 1694년에 삼각함수, 로그함수의 수학적 개념을 명확하게 정리했고, 좌표를 이용한 기하학에 대한 연구를 했다. 라이프니츠는 선형 방정식의 계수를 배열 (오늘날의 행렬)로 생각할 수 있다고 했다. 행렬을 이용하면 그 방정식의 해를 찾는 것이 쉬워지는데, 이 방법은 후에 가우스 소거법으로 명명되었다. 라이프니츠는 또한 불 논리와 수리논리학 연구에 기여했다.

라이프니츠는 아이작 뉴턴과 같이 무한소를 사용한 계산법(미분과 적분)을 발명했다고 알려져있다. 라이프니츠 공책을 보면 그가 처음으로 $y = f(x)$의 그래프 밑의 면적을 계산하는데 적분계산법을 도입한 날이 1675년 11월 11일이라는 것을 알 수 있다. 라이프니츠는 이 날 지금도 쓰는 표기법 몇 개를 만들었는데, 그 예로 합을 뜻하는 라틴어 Summa의 S를 길게 늘인 적분기호 $\int$, 라틴어 differentia에서 유래한 미분기호 d가 있다.

라이프니츠가 적분을 생각하게 된 동기는 포도주를 숙성하는 오크통의 부피를 측정하기 위해서였다. 그는 미분과 적분에 대한 연구결과를

1684년 독일 학회에 발표했다. 하지만 뉴턴이 1669년 작성한 논문 <<De analysi per aequationes numero terminorum infinitas>>에 미분과 적분에 대한 아이디어가 들어있었다. 그러나 라이프니츠의 방법과 뉴턴의 방법이 달라 크게 신경을 쓰고 않았다. 하지만 영국 학회의 생각은 달랐다. 영국학회는 라이프니츠가 뉴턴의 논문을 베꼈다고 주장했다. 그는 이 일로 큰 상처를 받고 우울증에 빠졌다. 1711년부터 그가 죽을 때까지 라이프니츠는 존 케일, 뉴턴 등 다른 사람들과 미적분학을 뉴턴과 독립적으로 발견했는지, 원래 뉴턴의 아이디어를 다른 표기법으로 썼는지 긴 논쟁을 하였다.

(라이프니츠의 미분적분에 관한 첫 논문, 1684)

라이프니츠는 그 당시 떠오르던 정역학과 동역학에 상당한 공헌을 했으며, 때로는 데카르트와 뉴턴의 생각에 반대했다. 뉴턴이 공간을 절대적으로 생각했던 반면에, 라이프니츠는 공간을 상대적이라고 생각하고 운동 에너지와 위치 에너지를 기반으로 하여 운동에 관한 새로운 이론(동역학)을 고안했다. 라이프니츠 물리학의 중요한 예시 중 하나는 그가 1695년에 저술한 《Specimen Dynamicum》이다. 자연의 본질에 관한 라이프니츠의 생각들은 정역학, 동역학과 잘 들어맞지 않았고, 아원자 입자가 발견되고 양자 역학이 고전 역학을 밀어내기 전까지는 말도 안 되는 것으로 여겨졌다. 라이프니츠는 역학계에서 에너지의 총량이 보존된다는 것을 깨달았고, 이것을 물질의 본질적인 특성으로 여겼다. 즉 그는 역학적 에너지보존법칙을 알아냈다.

 라이프니츠의 미분 적분의 개념과 뉴턴의 미분 적분의 개념은 거의 동일하다. 뉴턴은 우리가 교과서에서 보는 미분 적분의 기호를 거의 사용하지 않았다. 우리가 교과서에서 본 대부분의 기호들은 모두 라이프니츠가 만든 것이다. 이제 두 사람이 발견한 미분적분의 이야기로 들어가 보자.

3-4 뉴턴의 일반화된 이항전개

 이항전개는 아라비아의 수학자들에 의해 알려져 이항계수들의 성질이 파스칼의 삼각형으로 아름답게 묘사되었다. 이것은 $(a+b)^n$에 대한 전개를 말하는 데 n이 자연수인 경우에만 전개가 가능했다. 흑사병으로 학교가 휴교되어 집에 돌아간 뉴턴은 n이 자연수가 아니라면 이항전개식이 어떻게 될 것인지를 궁금해했다. 뉴턴은 $(a+b)^{\frac{1}{2}}$이나 $(a+b)^{-3}$의 전개에 관심을 가졌다.

 뉴턴은 먼저 임의의 차수의 지수에 대해 알아보았다. 자연수 n에 대해

$$a^{-n} = \frac{1}{a^n}$$

으로 정의되고,

$$a^{\frac{1}{n}} = \sqrt[n]{a}$$

로 정의되며,

$$a^0 = 1$$

이다. 뉴턴은 이것을 식에 도입하면

$$\sqrt{1-x} = (1-x)^{\frac{1}{2}}$$

$$\frac{1}{1+x} = (1+x)^{-1}$$

과 같이 쓸 수 있다는 것을 알았다. 뉴턴은 임의의 수 A에 대한 $(1+x)^A$의 전개식을 찾기위해 먼저 $A=4$인 경우를 보았다. 이 경우

$$(1+x)^4 = 1 + 4x + 6x^2 + 4x^3 + x^4$$

이 되는데, 이 식은 다음과 같이 쓸 수 있었다.

$$(1+x)^4 = 1 + \frac{4}{1!}x + \frac{4 \cdot 3}{2!}x^2 + \frac{4 \cdot 3 \cdot 2}{3!}x^3 + \frac{4 \cdot 3 \cdot 2 \cdot 1}{4!}x^4$$

뉴턴은 이 식을 다음과 같이 써 보았다.

$$(1+x)^4 = 1 + \frac{4}{1!}x + \frac{4 \cdot (4-1)}{2!}x^2 + \frac{4 \cdot (4-1) \cdot (4-2)}{3!}x^3$$

$$+ \frac{4 \cdot (4-1) \cdot (4-2) \cdot (4-3)}{4!}x^4$$

이 식을 면밀하게 쳐다본 뉴턴은 임의의 수 A에 대한 $(1+x)^A$의 전개식이

$$(1+x)^A = 1 + \frac{A}{1!}x + \frac{A(A-1)}{2!}x^2 + \frac{A(A-1)(A-2)}{3!}x^3$$
$$+ \frac{A(A-1)(A-2)(A-3)}{4!}x^4 + \cdots$$

(8-4-1)

의 꼴이 되지 않을까 생각했다. 뉴턴은

$$\sqrt{1+x} = a_0 + a_1 x + a_2 x^2 + a_3 x^3 + \cdots$$

라고 놓아보았다. 이 식의 양변에 0을 대입하면

$$a_0 = 1$$

이 된다.

$$\sqrt{1+x}\sqrt{1+x} = 1+x$$

로부터

$$(1+a_1x+a_2x^2+a_3x^3+\cdots)(1+a_1x+a_2x^2+a_3x^3+\cdots)=1+x$$

가 된다. 이 식의 좌변을 전개하면

$$1+2a_1x+(2a_2+a_1^2)x^2+(2a_3+2a_2a_1)x^3+\cdots=1+x$$

가 되므로

$2a_1=1$

$2a_2+a_1^2=0$

$2a_3+2a_2a_1=0$

이 된다. 이 식을 풀면,

$a_1=\dfrac{1}{2}$

$a_2=-\dfrac{1}{8}=\dfrac{1}{2!}\left(\dfrac{1}{2}\right)\left(\dfrac{1}{2}-1\right)$

$a_3=\dfrac{1}{16}=\dfrac{1}{3!}\left(\dfrac{1}{2}\right)\left(\dfrac{1}{2}-1\right)\left(\dfrac{1}{2}-2\right)$

이 되어,

$$(1+x)^{\frac{1}{2}} =$$
$$1 + \frac{1}{2}x + \frac{1}{2!}\left(\frac{1}{2}\right)\left(\frac{1}{2}-1\right)x^2 + \frac{1}{3!}\left(\frac{1}{2}\right)\left(\frac{1}{2}-1\right)\left(\frac{1}{2}-2\right)x^3 + \cdots$$

가 된다. 이것은 뉴턴이 생각한 식 (8-4-1)에 $A = \frac{1}{2}$ 을 넣은 것과 정확히 일치한다. 뉴턴은 자연수가 아닌 여러 지수 A에 대해 자신의 공식이 옳다는 것을 알게 되었다. 뉴턴은 이 공식을 자신의 저서 <해석, De Analysi>에 실었다.

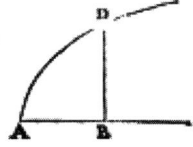

3-5 뉴턴의 순간속도

뉴턴은 수학자이자 물리학자였고, 그의 물리학에서의 관심은 힘과 운동사이의 관계였다. 그러기 위해서 그는 어떤 시각의 속도를 정의해야했다. 그는 갈릴레이의 평균속도의 공식을 다시 들여다 보았다.

물체가 시각 t일 때 위치를 $x(t)$라고 하고, 시각 $t+\Delta t$일 때의 물체의 위치를 $x(t+\Delta t)$라고 하면, t에서 $t+\Delta t$까지의 시간동안 물체의 속도 $\bar{v}$는

$$\bar{v} = \frac{x(t+\Delta t) - x(t)}{\Delta t}$$

이다. 뉴턴은 페르마나 월리스의 무한소의 개념을 생각해, 만일 Δt가 0에 가까워진다면 갈릴레이의 평균속도는 시각 t라는 순간에서의 속도가 되므로 이 속도를 순간속도라고 정의할 수 있다는 것을 알았다. 그는 시각 t에서의 물체의 순간속도 $v(t)$를 다음과 같이 정의했다.

$$v(t) = \lim_{\Delta t \to 0} \frac{x(t+\Delta t) - x(t)}{\Delta t} \qquad (8\text{-}5\text{-}1)$$

여기서 $\lim_{\Delta t \to 0}$라는 기호는 훗날 라이프니츠가 사용한 기호로 'Δt가 0에 가까워질 때의 극한'을 의미한다. 이것을 t에 대한 x의 미분이라고 하고

$\dfrac{dx}{dt}$ 라고 쓴다5). 그러므로

$$v(t) = \dfrac{dx}{dt}$$

가 된다. 이것을 뉴턴의 순간속도라고 부른다. 뉴턴은 순간속도의 시간에 따른 변화로부터 순간가속도(앞으로는 그냥 가속도라고 부르겠다) a를 다음과 같이 정의했다.

$$a(t) = \lim_{\Delta t \to 0} \dfrac{v(t+\Delta t) - v(t)}{\Delta t} = \dfrac{dv}{dt} \qquad (8\text{-}5\text{-}2)$$

그러므로 가속도는 위치 x를 t로 두 번 미분한 결과가 되어

$$a = \dfrac{d^2 x}{dt^2} \qquad (8\text{-}5\text{-}3)$$

이라고 쓴다.

뉴턴의 미분에 관한 정의는 그가 1671년 쓴 논문 < De Methodis Serierum et Fluxionum>에 나타난다. 그는 이 논문에서 미분이라는 용어대신 유율(Fluxion)이라는 용어를 사용했다. 하지만 독자들은 이 용어보다는 미분이라는 용어가 익숙하므로 이 책에서는 미분이라는 용어를 사용한다.

---

5) 이 기호는 1675년 라이프니츠가 처음 사용했다.

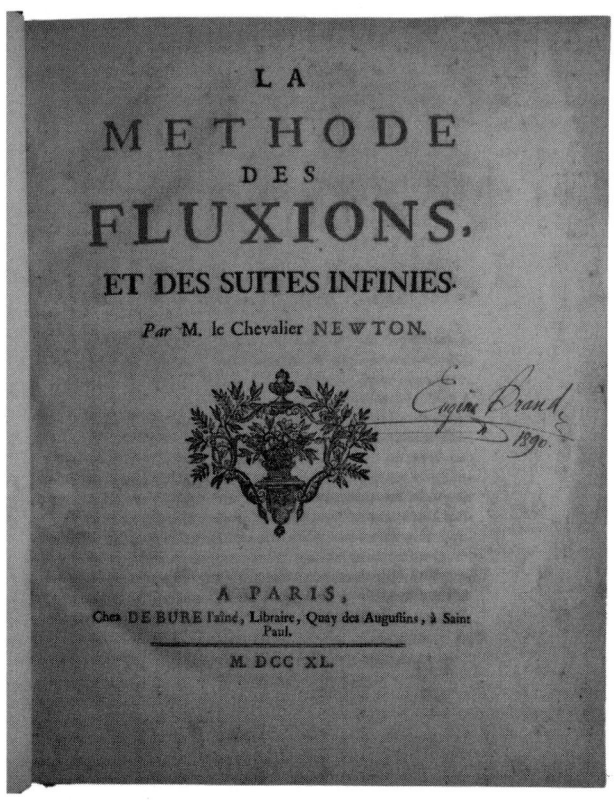

3-6 삼각함수와 역삼각함수

 뉴턴이 살던 시절에 각도에 대한 새로운 단위인 라디안 (rad)이 등장했다. 라디안 1714년 영국의 수학자 코츠(Roger Cotes 1682 -1716 영국)가 처음 도입했다. 코츠는 뉴턴을 도와 < 프린키피아>의 개정판을 만드는 작업에 참여한 수학자이다.

 라디안은 0°를 0으로 360°를 2π에 대응시킨 각도 체계이다. 주요 각을 라디안을 써서 나타내면 다음과 같다.

$0° = 0$

$30° = \dfrac{\pi}{6}$

$45° = \dfrac{\pi}{4}$

$60° = \dfrac{\pi}{3}$

$90° = \dfrac{\pi}{2}$

$180° = \pi$

$270° = \dfrac{3\pi}{2}$

$360° = 2\pi$

그러므로 라디안으로 표현된 삼각비의 값은 다음과 같다.

$\sin 0 = 0 \quad \cos 0 = 1 \quad \tan 0 = 0$

$\sin \dfrac{\pi}{6} = \dfrac{1}{2} \quad \cos \dfrac{\pi}{6} = \dfrac{\sqrt{3}}{2} \quad \tan \dfrac{\pi}{6} = \dfrac{1}{\sqrt{3}}$

$\sin \dfrac{\pi}{4} = \dfrac{1}{\sqrt{2}} \quad \cos \dfrac{\pi}{4} = \dfrac{1}{\sqrt{2}} \quad \tan \dfrac{\pi}{4} = 1$

$\sin \dfrac{\pi}{3} = \dfrac{\sqrt{3}}{2} \quad \cos \dfrac{\pi}{3} = \dfrac{1}{2} \quad \tan \dfrac{\pi}{3} = \sqrt{3}$

$\sin \dfrac{\pi}{2} = 1 \quad \sin \dfrac{\pi}{2} = 0 \quad \tan \dfrac{\pi}{2} = \infty$

다음과 같은 부채꼴을 보자.

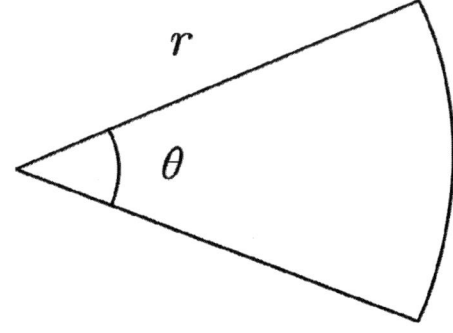

반지름이 r이고 중심각이 라디안으로 θ인 부채꼴의 호의 길이 L은

$$L = r\theta \qquad (8\text{-}6\text{-}1)$$

가 되고, 넓이 S는

$$S = \frac{1}{2}rL = \frac{1}{2}r^2\theta \qquad (8\text{-}6\text{-}2)$$

가 된다.

데카르트가 좌표를 도입한 이후에 일반 각의 삼각함수를 좌표평면에서 정의할 수 있게 되었다. 다음 그림을 보라.

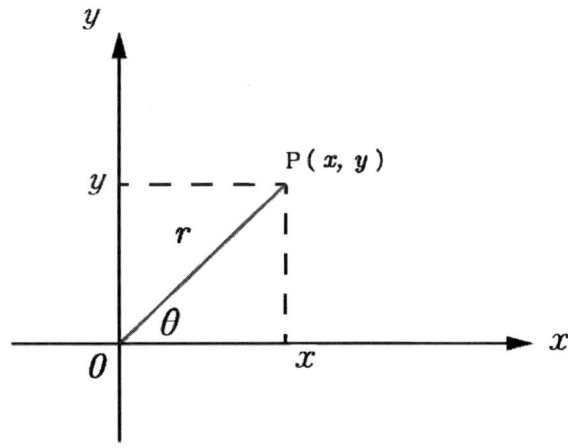

이 그림에서 원점과 점 P사이의 거리를 r이라고 하면

$$r = \sqrt{x^2 + y^2} \qquad (8\text{-}6\text{-}3)$$

이 된다. 이 때 좌표평면에서 삼각함수는 다음과 같이 정의한다.

$$\cos\theta = \frac{x}{r}$$

$$\sin\theta = \frac{y}{r}$$

$$\tan\theta = \frac{y}{x} \qquad (8\text{-}6\text{-}4)$$

네 개의 사분면에서 삼각함수의 부호는 다음과 같이 된다.

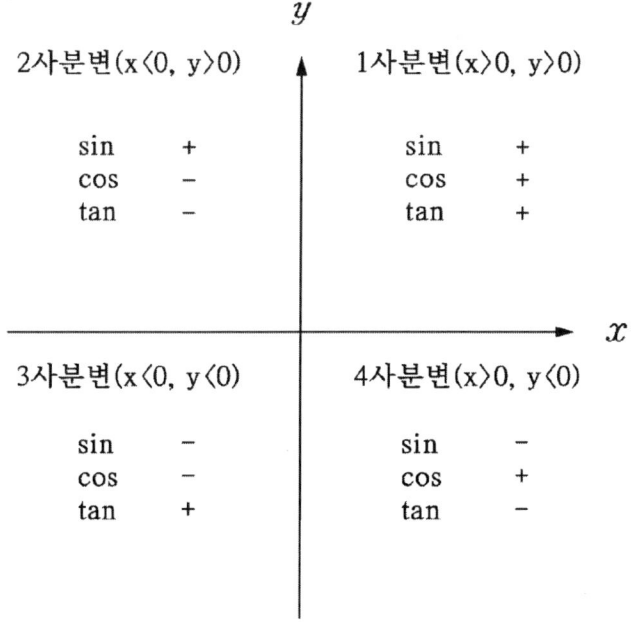

삼각함수에 대해 꼭 기억해야 할 첫 번째 성질은 다음과 같다.

$\sin(-\theta) = -\sin\theta$
$\cos(-\theta) = \cos\theta$
$\tan(-\theta) = -\tan\theta$ (8-6-5)

코사인은 우함수이고, 사인함수와 탄젠트 함수는 기함수이다. 그 밖에 중요한 성질은 다음과 같다.

$\sin\left(\dfrac{\pi}{2} - \theta\right) = \cos\theta$

$\cos\left(\dfrac{\pi}{2} - \theta\right) = \sin\theta$

$\tan\left(\dfrac{\pi}{2} - \theta\right) = \cot\theta$ (8-6-6)

$\sin(\pi - \theta) = \sin\theta$

$\cos(\pi - \theta) = -\cos\theta$
$\tan(\pi - \theta) = -\tan\theta$ (8-6-7)

삼각함수의 그래프는 다음과 같다.

$y = \sin x$ 를 그린 그래프는 다음과 같다.

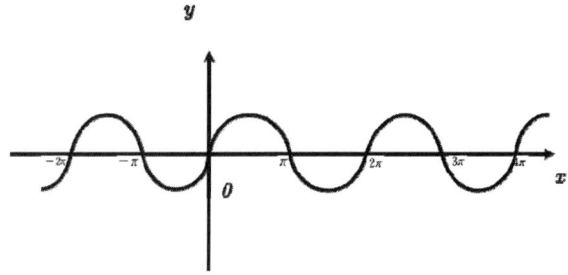

다음 그림은 $y = \cos x$ 를 그린 그래프이다.

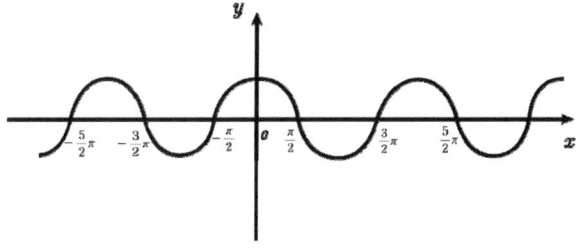

다음 그림은 $y = \tan x$ 의 그래프이다.

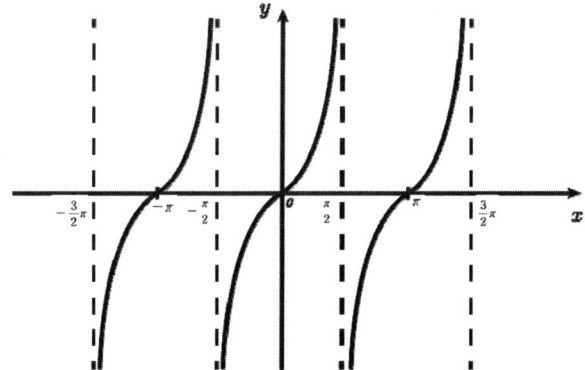

삼각함수의 역함수를 역삼각함수라고 부른다. $\sin x$의 역함수를

$\sin^{-1}(x)$로, $\cos x$의 역함수를 $\cos^{-1}(x)$로 $\tan x$의 역함수를 $\tan^{-1}(x)$라고 쓴다. 역함수는 $y=f(x)$에서 x와 y를 바꾸면 되는데 조금 문제가 있다. $y=\sin x$는 일대일 대응 함수가 아니기 때문이다.

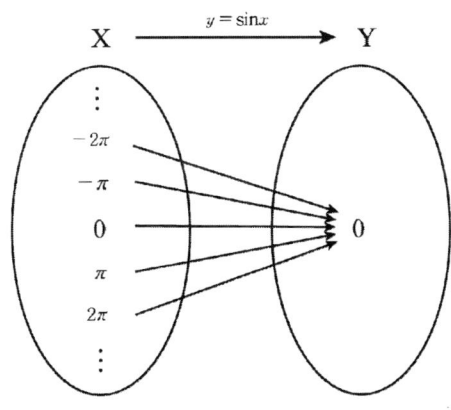

예를 들어 정의역에 있는 원소들 $\cdots, -2\pi, -\pi, 0, \pi, 2\pi, \cdots$를 생각하면 이들 모든 원소들은 공역의 원소인 0에 대응된다. 즉, 정의역의 무한 개의 원소가 공역의 한 개의 원소에 대응된다. 역함수는 일대일함수에 대해서만 정의된다고 했기 때문에 수학자들은 어떤 제한된 구간에서의 $y=\sin x$를 생각한다. 이 제한된 구간을 $[-\pi/2, \pi/2]$로 택하자. 이것은 $-\dfrac{\pi}{2} \leq x \leq \dfrac{\pi}{2}$라는 뜻이다. 공역을 $[-1,1]$로 택하면 이 함수는 일대일함수가 된다. $[-\pi/2, \pi/2]$에 있는 몇 개의 각에 대한 $\sin x$의 값을 보면 다음과 같다.

$$\sin 0 = 0$$

$$\sin \frac{\pi}{6} = \frac{1}{2}$$

$$\sin \frac{\pi}{4} = \frac{1}{\sqrt{2}}$$

$$\sin \frac{\pi}{3} = \frac{\sqrt{3}}{2}$$

$$\sin \frac{\pi}{2} = 1$$

사인 함수는 기함수이니까

$$\sin\left(-\frac{\pi}{6}\right) = -\frac{1}{2}$$

$$\sin\left(-\frac{\pi}{4}\right) = -\frac{1}{\sqrt{2}}$$

$$\sin\left(-\frac{\pi}{3}\right) = -\frac{\sqrt{3}}{2}$$

$$\sin\left(-\frac{\pi}{2}\right) = -1$$

이 된다.

이 식들로부터

$\sin^{-1} 0 = 0$

$\sin^{-1} \dfrac{1}{2} = \dfrac{\pi}{6}$

$\sin^{-1} \dfrac{1}{\sqrt{2}} = \dfrac{\pi}{4}$

$\sin^{-1} \dfrac{\sqrt{3}}{2} = \dfrac{\pi}{3}$

$\sin^{-1} 1 = \dfrac{\pi}{2}$

$\sin^{-1}\left(-\dfrac{1}{2}\right) = -\dfrac{\pi}{6}$

$\sin^{-1}\left(-\dfrac{1}{\sqrt{2}}\right) = -\dfrac{\pi}{4}$

$\sin^{-1}\left(-\dfrac{\sqrt{3}}{2}\right) = -\dfrac{\pi}{3}$

$\sin^{-1}(-1) = -\dfrac{\pi}{2}$

이 된다. $y = \sin^{-1} x$의 정의역은 $[-1, 1]$이고 공역은 $[-\pi/2, \pi/2]$가 된다. 이 함수의 그래프는 다음과 같다.

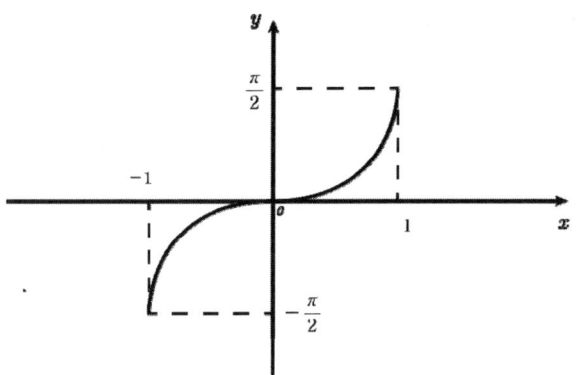

마찬가지로 $y = \cos^{-1}(x)$

$x = \cos y$

로부터 정의할 수 있다. 그래프는 다음과 같다.

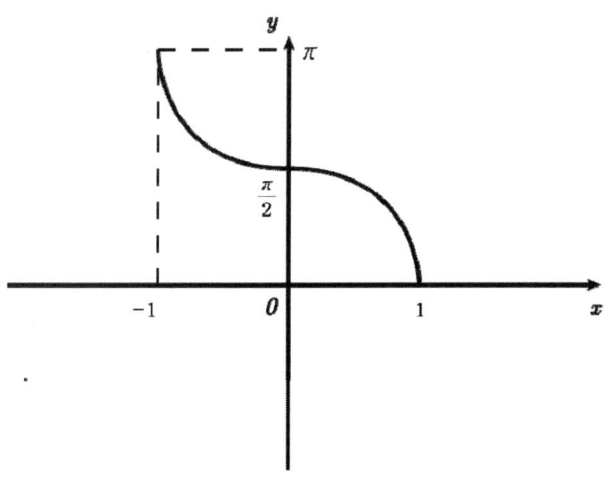

$y = \cos^{-1}(x)$의 정의역은 $[-1,1]$이고 공역은 $[0,\pi]$가 된다.

$y = \tan^{-1}(x)$도

$x = \tan y$

로부터 정의할 수 있다. 그래프는 다음과 같다.

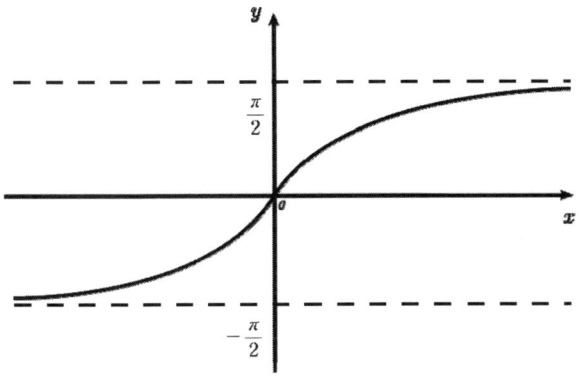

$y = \tan^{-1}(x)$의 정의역은 $(-\infty, \infty)$가 되고, 공역은 $(-\pi/2, \pi/2)$이다.

3-7 함수의 극한

이제 뉴턴과 라이프니츠가 도입한 극한에 대해 조금 알아보자.
함수의 극한은 다음과 같은 꼴이다.

$$\lim_{x \to a} F(x)$$

여기서 $\lim_{x \to a}$는 x가 a에 점점 가까워진다는 뜻으로 $x = a$와는 다르다.
이때 x가 a보다 크면서 a에 점점 가까워지는 것을 우극한이라고 하고

$$\lim_{x \to a+} F(x)$$

라고 쓴다. 마찬가지로, x가 a보다 작으면서 a에 점점 가까워지는 것을 좌극한이라고 하고

$$\lim_{x \to a-} F(x)$$

라고 쓴다. 좌극한과 우극한이 같을 때 함수의 극한값이 존재한다. 예를 들어, 다음 극한을 구해보자.

$$\lim_{x \to 1} \frac{x^2 - 1}{x - 1}$$

$\lim_{x \to 1}$은 x가 1로 한없이 가까워진다는 걸 말한다. 그러니까 이 극한

$x=1$을 $\dfrac{x^2-1}{x-1}$에 대입하는 게 아니다. 대입하면 분모가 0이 되니까 문제가 발생하지? x가 1로 한없이 가까워지는 경우는 다음과 같이 두 가지이다.

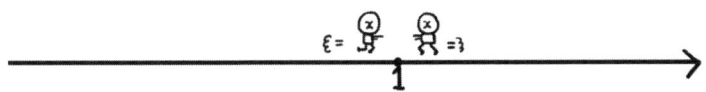

이 경우 우극한값은

$$\lim_{x\to 1+}\dfrac{x^2-1}{x-1}$$

이 되고, 좌극값은

$$\lim_{x\to 1-}\dfrac{x^2-1}{x-1}$$

이 된다. 이 두 극한값이 같을 때 극한값이 존재할 때 극한값이 존재한다.

$$\lim_{x\to 1+}\dfrac{x^2-1}{x-1}=\lim_{x\to 1-}\dfrac{x^2-1}{x-1}=\lim_{x\to 1}\dfrac{x^2-1}{x-1}$$

우극한을 보자. 1.1부터 시작해서 1.01, 1.001, 1.001, …로 점점 1에 가깝게 해보자.

x	$\dfrac{x^2-1}{x-1}$
1.1	2.1
1.01	2.01
1.001	2.001
1.0001	2.0001
1.00001	2.00001

우극한값은 2에 가까워지는 것을 알 수 있다.

이제 좌극한값을 보자. 좌극한은 0.9부터 시작해서 0.99, 0.999, …로 점점 1에 가깝게 해보자.

x	$\dfrac{x^2-1}{x-1}$
0.9	1.9
0.99	1.99
0.999	1.999
0.9999	1.9999
0.99999	1.99999

좌극한값 역시 2에 가까워지는 것을 알 수 있다. 따라서 이 극한값은 존재한다. 이 극한 값은 다음과 같이 구하면 된다.

$$\lim_{x\to 1}\frac{x^2-1}{x-1}=\lim_{x\to 1}\frac{(x+1)(x-1)}{x-1}=\lim_{x\to 1}(x+1)=2$$

이 문제를 다른 방법으로 보자. $x=1+h$라고 해보자. 좌극한은 h가 음수이면서 0에 가까워지는 걸 말하고 우극한은 h가 양수이면서 0에 가까워지는 걸 말한다. $x=1+h$일 때

$$\frac{x^2-1}{x-1} = \frac{(1+h)^2-1}{h} = 2+h$$

이니까 h가 음수이면서 0에 가까워지든 h가 양수이면서 0에 가까워지든 관계없이 $\frac{x^2-1}{x-1}$ 은 2에 가까워진다. 즉 좌극한값과 우극한값이 같다.

극한값이 존재하지 않는 예로 다음 문제를 보자.

$$\lim_{x \to 0} \frac{|x|}{x}$$

우극한값은 x가 양수이면서 0에 가까워질 때의 극한값이다. x가 양수이면 $|x| = x$이니까

$$\lim_{x \to 0+} \frac{|x|}{x} = \lim_{x \to 0+} \frac{x}{x} = \lim_{x \to 0+} 1 = 1$$

좌극한값은 x가 음수이면서 0에 가까워질 때의 극한값이다. x가 음수이면 $|x| = -x$이니까

$$\lim_{x \to 0-} \frac{|x|}{x} = \lim_{x \to 0-} \frac{-x}{x} = \lim_{x \to 0-} (-1) = -1$$

5이 된다. 그러니까

$$\lim_{x \to 0+} \frac{|x|}{x} \neq \lim_{x \to 0-} \frac{|x|}{x}$$

이므로 이 극한값은 존재하지 않는다.

이제 삼각함수의 극한에 대해 알아보자. 공식은 다음과 같다.

$$\lim_{x \to 0} \frac{\sin x}{x} = 1 \quad (\ 8\text{-}7\text{-}1\ )$$

이 관계식을 증명해보자. 반지름이 1이고 중심각이 x인 부채꼴을 보자.

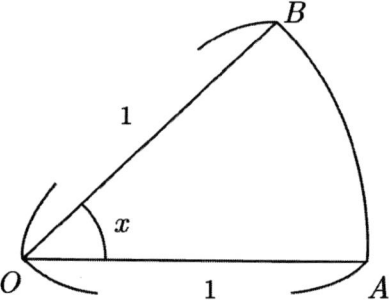

B에서 선분 OA로 수선을 그리고 수선의 발을 C라고 하자.

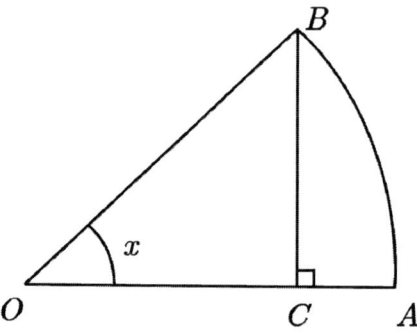

이 때,
$$BC = \sin x$$
이다. 다음 선분 OC가 반지름이고 중심각이 x인 부채꼴을 만들자. 그러면 부채꼴 ODC가 만들어진다.

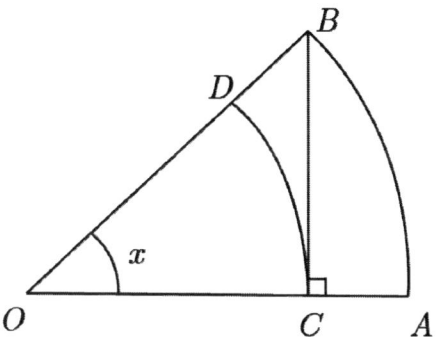

여기서

$$OD = OC = \cos x$$

가 된다. 위 그림에서 넓이를 비교해보자.

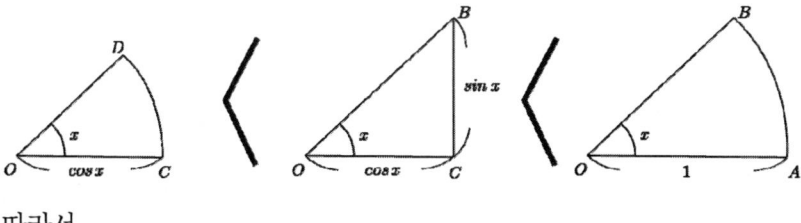

따라서

$$\frac{1}{2}\cos^2 x \cdot x < \frac{1}{2}\cos x \cdot \sin x < \frac{1}{2} \cdot 1^2 \cdot x$$

가 성립한다. 이 부등식을 $\frac{1}{2}x\cos x$로 나누면,

$$\cos x < \frac{\sin x}{x} < \frac{1}{\cos x}$$

이 된다. 여기서 $x \to 0$인 극한을 취하면 $\cos x \to \cos 0 = 1$로 가니까

$\frac{\sin x}{x}$ 는 1로 간다.

3-8 뉴턴과 라이프니츠의 미분

뉴턴은 순간속도의 정의로부터, 임의의 함수 $f(x)$에 대한 미분을 다음과 같이 정의했다[6].

$$\frac{dy}{dx} = f'(x) = \lim_{\Delta x \to 0} \frac{f(x+\Delta x) - f(x)}{\Delta x} \quad (8\text{-}8\text{-}1)$$

뉴턴은 페르마와 배로의 연구로부터 $\frac{dy}{dx}$가 점 (x, y)에서 접선의 기울기가 된다는 것을 알았다. 예를 들어 설명해보자. 다음 그림을 보자.

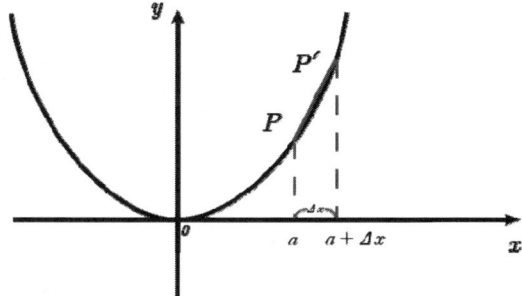

x가 a에서 $a + \Delta x$로 변할 때

$$\frac{f(a + \Delta x) - f(a)}{\Delta x}$$

---

[6] $f'(x)$라는 기호는 1797년 라그랑주가 처음 사용했다.

는 Δx가 0으로 가는 극한에서 접선의 기울기가 된다. 아래 그림은 $y = x^2$ 위의 한점 (1,1)에서 접선을 나타낸 것이다.

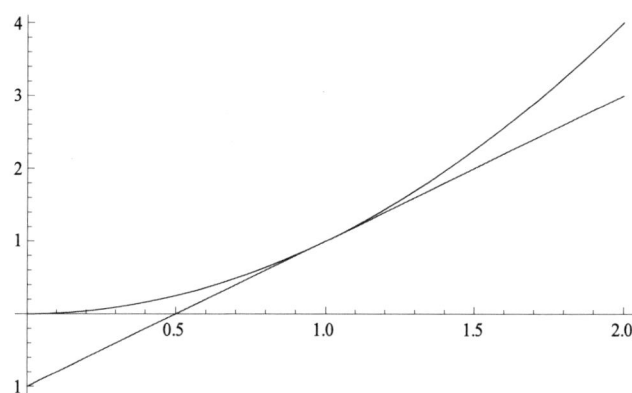

뉴턴은 자신이 발견한 일반화된 이항정리 공식을 이용해서 임의의 수 A에 대해 x^A의 미분공식을 찾아냈다.

$$(x^A)' = Ax^{A-1} \qquad (8\text{-}8\text{-}2)$$

뉴턴의 생각을 따라가 보자. 미분의 정의에 의해

$$(x^A)' = \lim_{\Delta x \to 0} \frac{(x+\Delta x)^A - x^A}{\Delta x}$$

이 된다. 뉴턴은

$$(x+\Delta x)^A = x^A + Ax^{A-1}\Delta x + \frac{1}{2}A(A-1)x^{A-2}(\Delta x)^2 + \cdots$$

을 이용해,

$$(x^A)' = \lim_{\Delta x \to 0} \frac{1}{\Delta x}\left[Ax^{A-1}\Delta x + \frac{1}{2}A(A-1)x^{A-2}(\Delta x)^2 + \cdots\right]$$

$$= \lim_{\Delta x \to 0}\left[Ax^{A-1} + \frac{1}{2}A(A-1)x^{A-2}(\Delta x) + \cdots\right]$$

$$= Ax^{A-1}$$

이 된다.

뉴턴의 공식에 따르면, $\frac{1}{x} = x^{-1}$이므로,

$$(x^{-1})' = (-1)\cdot x^{-1-1} = (-1)x^{-2} = -x^{-2}$$

이 된다. 이것은

$$\left(\frac{1}{x}\right)' = -\frac{1}{x^2}$$

라고 쓸 수도 있다. 마찬가지로, $\sqrt{x} = x^{\frac{1}{2}}$ 이므로

$$(\sqrt{x})' = (x^{\frac{1}{2}})' = \frac{1}{2}x^{\frac{1}{2}-1} = \frac{1}{2}x^{-\frac{1}{2}} = \frac{1}{2\sqrt{x}}$$

이 된다.

미분의 정의로 인해 많은 미분법들이 알려지게 되었다. 예를 들어 삼각함수의 미분법 공식은 다음과 같다.

(1) $(\sin x)' = \cos x$

(2) $(\cos x)' = -\sin x$

(3) $(\tan x)' = \sec^2 x$

(4) $(\cot x)' = -\csc^2 x$

(5) $(\sec x)' = \sec x \tan x$

(6) $(\csc x)' = -\csc x \cot x$

(1)만 증명해보자. 미분의 정의에 의해

$$(\sin x)' = \lim_{\Delta x \to 0} \frac{\sin(x+\Delta x) - \sin x}{\Delta x}$$

이 되고, 삼각함수의 덧셈 정리를 이용하면

$$(\sin x)' = \lim_{\Delta x \to 0} \frac{\sin x \cos \Delta x + \cos x \sin \Delta x - \sin x}{\Delta x}$$

$$= \lim_{\Delta x \to 0} \frac{\sin x (\cos \Delta x - 1) + \cos x \sin \Delta x}{\Delta x}$$

$$= \sin x \lim_{\Delta x \to 0} \frac{\cos \Delta x - 1}{\Delta x} + \cos x \lim_{\Delta x \to 0} \frac{\sin x \, \Delta x}{\Delta x}$$

이 된다. 여기서

$$\lim_{\Delta x \to 0} \frac{\cos \Delta x - 1}{\Delta x} = \lim_{\Delta x \to 0} \frac{(\cos \Delta x - 1)(\cos \Delta x + 1)}{\Delta x (\cos \Delta x + 1)}$$

$$= \lim_{\Delta x \to 0} \frac{\cos^2 \Delta x - 1}{\Delta x (\cos \Delta x + 1)}$$

$$= - \lim_{\Delta x \to 0} \frac{\sin^2 \Delta x}{\Delta x (\cos \Delta x + 1)}$$

$$= - \lim_{\Delta x \to 0} \frac{\Delta x}{(\cos \Delta x + 1)} \times \lim_{\Delta x \to 0} \frac{\sin^2 \Delta x}{(\Delta x)^2}$$

$$= - \lim_{\Delta x \to 0} \frac{\Delta x}{(\cos \Delta x + 1)} \times \lim_{\Delta x \to 0} \left(\frac{\sin \Delta x}{\Delta x} \right)^2$$

$$= 0 \times 1 = 0$$

이므로

$$(\sin x)' = \cos x$$

가 된다.

이번에는 라이프니츠가 알아낸 미분법 공식을 알아보자. 라이프니츠는 두 함수의 곱의 미분이 다음과 같이 주어진다는 것을 알아냈다.

$$(f(x)g(x))' = f(x)g'(x) + f'(x)g(x)$$

증명은 다음과 같다.

$$(f(x)g(x))' = \lim_{\Delta x \to 0} \frac{f(x+\Delta x)g(x+\Delta x) - f(x)g(x)}{\Delta x}$$

$$= \lim_{\Delta x \to 0} \frac{f(x+\Delta x)[g(x+\Delta x) - g(x)] + f(x+\Delta x)g(x) - f(x)g(x)}{\Delta x}$$

$$= \lim_{\Delta x \to 0} \frac{f(x+\Delta x)[g(x+\Delta x) - g(x)] + [f(x+\Delta x) - f(x)]g(x)}{\Delta x}$$

$$= f(x)\lim_{\Delta x \to 0}\frac{g(x+\Delta x)-g(x)}{\Delta x}+g(x)\lim_{\Delta x \to 0}\frac{f(x+\Delta x)-f(x)}{\Delta x}$$
$$= f(x)g'(x)+f'(x)g(x)$$

이번에는 라이프니츠가 발견한 미분의 연쇄규칙에 대해 알아보자. 이것은 다음과 같다.

● $y=f(u)$이고 $u=g(x)$일 때 다음이 성립한다.

$$\frac{dy}{dx}=\frac{dy}{du}\cdot\frac{du}{dx}=f'(u)g'(x)$$

이것을 증명해보자.
$$\lim_{\Delta x \to 0}\frac{f(g(x+\Delta x))-f(g(x))}{\Delta x}=$$
$$\lim_{\Delta x \to 0}\frac{f(g(x+\Delta x))-f(g(x))}{g(x+\Delta x)-g(x)}\cdot\frac{g(x+\Delta x)-g(x)}{\Delta x}$$

가 되고, $\Delta x \to 0$이면 $g(x+\Delta x) \to g(x)$이므로

$$g(x+\Delta x)-g(x)=H$$

라 둔다. 이 때 $\Delta x \to 0$이면 $H \to 0$가 된다. 이제 $g(x)=u$라고 두면

$$\lim_{\Delta x \to 0} \frac{f(g(x+\Delta x)) - f(g(x))}{\Delta x} =$$

$$\lim_{H \to 0} \frac{f(u+H) - f(u)}{H} \cdot \lim_{\Delta x \to 0} \frac{g(x+\Delta x) - g(x)}{\Delta x}$$

$$= \frac{df(u)}{du} \cdot \frac{dg(x)}{dx}$$

이 된다.

3-9 뉴턴의 적분

다음으로 뉴턴이 생각한 것은 곡선 아래의 넓이를 구하는 방법이었다. 뉴턴은 페르마의 논문을 참고해, 같은 간격으로 직사각형을 세워 직사각형의 넓이의 합을 곡선아래의 넓이의 근사값으로 택하는 방법을 선택했다. 예를 들어 뉴턴이 $x=0$부터 $x=1$까지 곡선 $y=x^2$ 아래의 넓이를 구한 방법을 설명하자. 그래프의 모습은 다음과 같다.

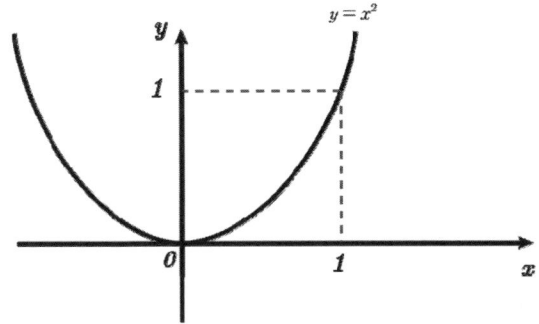

뉴턴은 $x=0$부터 $x=1$까지를 n등분하여 x축과 수직인 선분을 그렸다.

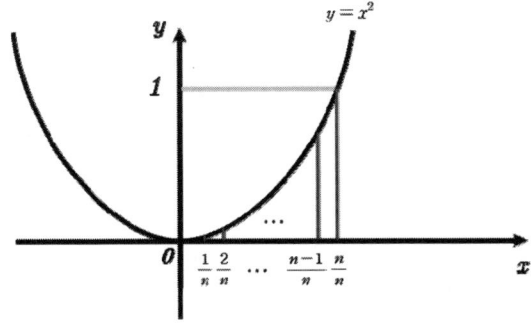

뉴턴은 위 그림에서 다음과 같은 직사각형들을 만들었다.

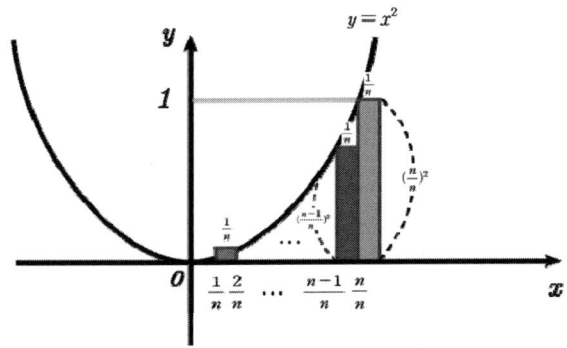

뉴턴은 이 직사각형의 넓이의 합을 S_n이라고 두었다. 이 때

$$S_n = \frac{1}{n} \cdot \left(\frac{1}{n}\right)^2 + \frac{1}{n} \cdot \left(\frac{2}{n}\right)^2 + \frac{1}{n} \cdot \left(\frac{3}{n}\right)^2 + \cdots + \frac{1}{n} \cdot \left(\frac{n}{n}\right)^2$$

$$= \frac{1}{n^3}(1^2 + 2^2 + \cdots + n^2)$$

이 된다. 뉴턴은 다음과 같은 등식을 생각했다.

$$n^3 - (n-1)^3 = 3n^2 - 3n + 1$$
$$(n-1)^3 - (n-2)^3 = 3(n-1)^2 - 3(n-1) + 1$$
$$(n-2)^3 - (n-3)^3 = 3(n-2)^2 - 3(n-2) + 1$$

$$\vdots$$
$$2^3 - 1^3 = 3 \cdot 1^2 - 3 \cdot 1 + 1$$

뉴턴은 이 식을 모두 더해,

$$n^3 - 1 = 3(1^2 + 2^2 + \cdots + n^2) - 3(1 + 2 + \cdots + n) + (n-1)$$

을 얻었다. 여기서 뉴턴은 피타고라스가 알아낸 식

$$1 + 2 + \cdots + n = \frac{1}{2}n(n+1)$$

을 이용해,

$$1^2 + 2^2 + \cdots + n^2 = \frac{1}{6}n(n+1)(2n+1)$$

을 얻었다. 그러므로

$$S_n = \frac{1}{6}\left(1 + \frac{1}{n}\right)\left(2 + \frac{1}{n}\right)$$

이 된다. 뉴턴은 n을 무한대로 보내면 $\frac{1}{n}$은 0에 가까워지므로 S_n은 $\frac{1}{3}$에 가까워진다는 것을 알아냈다. 이 때 S_n을 곡선 아래의 넓이로 생각할 수 있다. 뉴턴은 이 방법을 곡선 $y = x^N$에 적용해 곡선 아래의 넓이가 $\dfrac{1}{N+1}$ 이 된다는 것을 알아냈다. 이것은 바로 카발리에리나 월리스가 알아낸 식과 일치했다.

뉴턴은 곡선 아래의 넓이가 미분과 어떤 관계가 있는지 고민했다. 뉴턴은

$$f(x)의 미분 = F(x)$$

이라고 할 때,

$$F(x)의 부정적분 = f(x)$$

라고 쓰기로 했다. 이것은 라이프니츠가 만든 기호로는

$(f(x))' = F(x)$

$$\int F(x)dx = f(x)$$

라고 쓸 수 있다.

뉴턴은 함수 $f(x)$의 부정적분으로부터 정적분을 다음과 같이 정의했다.

$$\int_a^b f(x)dx = [F(x)]_a^b = F(b) - F(a)$$

뉴턴은 $x=a$와 $x=b$ 사이에서 $f(x) \geq 0$일 때 $\int_a^b f(x)dx$는 $x=a$와 $x=b$ 사이에서 곡선아래의 넓이가 된다는 것을 알아냈다.

뉴턴은 $x=0$부터 $x=1$까지 곡선 $y=x^N$ 아래의 넓이는

$$\int_0^1 x^N dx = \left[\frac{x^{N+1}}{N+1}\right]_0^1 = \frac{1}{N+1}$$

이 된다는 것을 알아냈다. 그동안 수학자들의 관심사였던 곡선 아래의 넓이가 미분의 역연산인 적분으로 주어진다는 것을 처음 알아낸 것이다.

미분의 역연산이 부정적분이므로 삼각함수의 부정적분은 다음과 같다.

(1) $\int \sin(ax)dx = -\frac{1}{a}\cos(ax) + C$

(2) $\int \cos(ax)dx = \frac{1}{a}\sin(ax) + C$

(3) $\int \sec^2(ax)dx = \frac{1}{a}\tan(ax) + C$

(4) $\int \csc^2(ax)dx = -\frac{1}{a}\cot(ax) + C$

(5) $\int \sec(ax)\tan(ax)dx = \frac{1}{a}\sec(ax) + C$

(6) $\int \csc(ax)\cot(ax)dx = -\frac{1}{a}\csc(ax) + C$

3-10 뉴턴, 사인과 코사인을 무한급수로 표현

1669년 뉴턴은 적분을 이용해 $\sin z$와 $\cos z$을 무한급수로 나타냈다. 이것을 이해하기 위해서는 치환적분법을 알아야한다. 다음 예를 보자.

$$\int (3x+4)^3 dx$$

이것은 $(3x+4)^3$을 전개해서 적분할 수 있다. 그러나 시간이 너무 오래 걸린다. 대신에

$$t = 3x+4$$

라고 치환하자. 이 식을 x로 미분하자.

$$\frac{dt}{dx} = 3$$

이 된다. 양변에 dx를 곱하면

$$dt = 3dx$$

이고,

$$dx = \frac{1}{3}dt$$

이다. 이제 모든 것을 t로 바꿀 수 있다. 그러므로

$$\int (3x+4)^3 dx = \int t^3 \cdot \frac{1}{3} dt = \frac{t^4}{12} + C$$

$$= \frac{(3x+4)^4}{12} + C$$

이 된다.

뉴턴은 다음과 같은 적분을 생각했다.

$$I = \int_0^x \frac{dt}{\sqrt{1-t^2}} \qquad (8\text{-}10\text{-}1)$$

여기서 $t = \sin\theta$라고 치환하면

$$dt = \cos\theta d\theta$$

이고

$$\sqrt{1-t^2} = \sqrt{1-\sin^2\theta} = \sqrt{\cos^2\theta} = \cos\theta$$

이다. 한편

$t = 0$는 $\theta = 0$에 대응되고, $t = x$는 $\theta = \sin^{-1}x$에 대응되므로

$$I = \int_0^x \frac{dt}{\sqrt{1-t^2}} = \int_0^{\sin^{-1}x} \frac{\cos\theta d\theta}{\cos\theta} = \int_0^{\sin^{-1}x} d\theta = \sin^{-1}x$$

(8-10-2)

가 된다. 뉴턴은

$$\frac{1}{\sqrt{1-t^2}} = (1-t^2)^{-\frac{1}{2}}$$

에 대해 자신의 일반화된 이항정리 공식을 적용했다. 즉,

$$\frac{1}{\sqrt{1-t^2}} = (1-t^2)^{-\frac{1}{2}} = 1 + \frac{1}{2}t^2 + \frac{3}{8}t^4 + \cdots$$

그러므로

$$I = \int_0^x dt \left(1 + \frac{1}{2}t^2 + \frac{3}{8}t^4 + \cdots\right)$$
$$= x + \frac{1}{6}x^3 + \frac{3}{40}x^5 + \cdots \quad\quad (8\text{-}10\text{-}3)$$

그러므로

$$\sin^{-1}x = x + \frac{1}{6}x^3 + \frac{3}{40}x^5 + \cdots \quad\quad (8\text{-}10\text{-}4)$$

라는 무한급수를 얻는다. sin함수의 무한 급수표현을 얻기 위해 뉴턴은

$$z = \sin^{-1}x$$

또는

$$x = \sin z \qquad (8\text{-}10\text{-}5)$$

라고 두었다. 그러므로 식(8-10-4)는

$$z = x + \frac{1}{6}x^3 + \frac{3}{40}x^5 + \cdots \qquad (8\text{-}10\text{-}6)$$

이 된다. 뉴턴은

$$x = z + Bz^2 + Cz^3 + Dz^4 + Ez^5 + \cdots \qquad (8\text{-}10\text{-}7)$$

이라고 놓고 이것을 (8-10-7)에 대입해

$$z = z + Bz^2 + \left(C + \frac{1}{6}\right)z^3 + \left(D + \frac{B}{2}\right)z^4$$
$$+ \left(E + \frac{C}{2} + \frac{B^2}{2} + \frac{3}{40}\right)z^5 + \cdots$$

을 얻었다. 이 식의 양변을 비교하면

$$B = 0$$

$$C + \frac{1}{6} = 0$$

$$D + \frac{B}{2} = 0$$

$$E + \frac{C}{2} + \frac{B^2}{2} + \frac{3}{40} = 0$$

가 되어,

$B = 0$

$C = -\dfrac{1}{6}$

$D = 0$

$E = \dfrac{1}{120}$

이 된다. 즉,

$$x = \sin z = z - \dfrac{1}{6}z^3 + \dfrac{1}{120}z^5 + \cdots$$

뉴턴은 더 많은 항을 계산해

$$\sin z = z - \dfrac{1}{6}z^3 + \dfrac{1}{120}z^5 - \dfrac{1}{5040}z^7 + \cdots$$

을 얻었고, 이를 다음과 같이 나타냈다.

$$\sin z = z - \dfrac{1}{3!}z^3 + \dfrac{1}{5!}z^5 - \dfrac{1}{7!}z^7 + \cdots$$

같은 방법으로 뉴턴은 코사인 함수를 다음과 같이 나타낼 수 있었다.

$$\cos z = 1 - \dfrac{1}{2!}z^2 + \dfrac{1}{4!}z^4 - \dfrac{1}{6!}z^6 + \cdots$$

3-11 라이프니츠, 원주율을 무한급수로 표현

 이제 라이프니츠가 1684년 원주율을 무한급수로 나타낸 방법을 알아보자. 라이프니츠는 다음 그림과 같이 곡선 아래의 넓이를 무한소를 밑변으로 갖는 무한히 많은 직사각형의 합으로 생각했다. 그는 이러한 무한소를 x방향으로의 아주 작은 양이라고 해서 dx라고 놓았다.

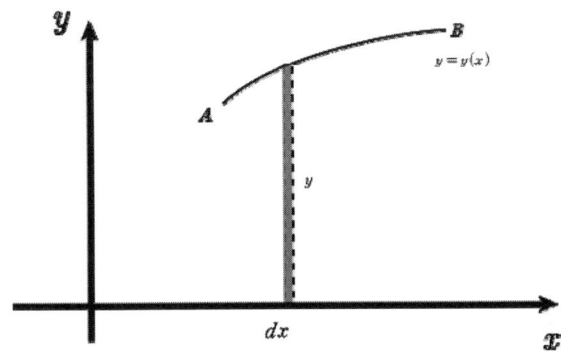

 이때 작은 직사각형의 넓이는 가로의 길이가 dx이고 세로의 길이가 y이므로 ydx가 된다. 라이프니츠는 무한히 많은 직사각형을 더하는 것을 적분으로 나타냈다. 그러므로 곡선 아래의 넓이는

$$\int ydx \quad (8\text{-}11\text{-}1)$$

이 된다.

이제 다음 그림을 보자.

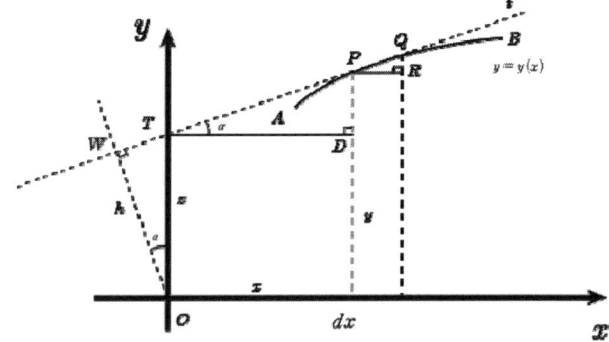

위 그림에서 P의 좌표는 (x,y)이고 T는 P에서의 접선이 y축과 만나는 점으로 그 좌표를 $(0,z)$라고 두었다. 그는 dx가 무한소로 너무너무 작으므로 삼각형 PQR의 세 변의 길이도 무한소가 된다고 생각했다.

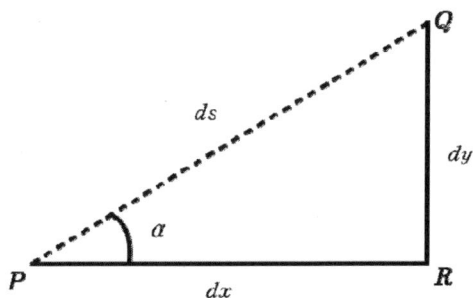

이 때 피타고라스 정리로부터,

$ds^2 = dx^2 + dy^2$ (8-11-2)

가 된다. 라이프니츠는 삼각형 TDP와 삼각형 QPR이 닮음이라고

생각했다. 이를 통해,

$$\frac{dy}{dx} = \frac{\overline{\text{PD}}}{\overline{\text{TD}}} = \frac{y-z}{x} \qquad \text{(8-11-3)}$$

이 식으로부터

$$z = y - x\frac{dy}{dx} \qquad \text{(8-11-4)}$$

가 된다. 이제 다음 그림을 보자.

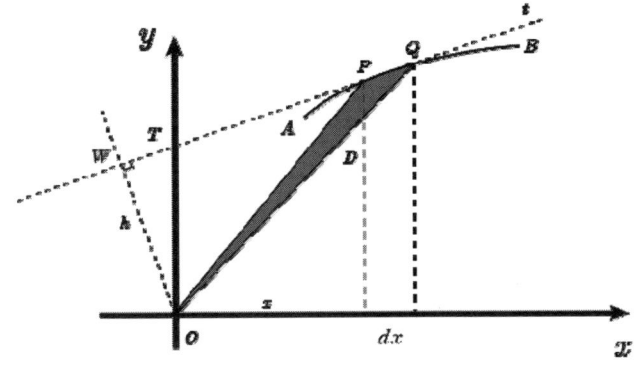

위 그림에서 W는 O에서 P에서의 접선에 내린 수선의 발이고, OW의 길이를 h라고 두었다. 라이프니츠는 위 그림에서 빗금친 부분의 넓이에 주목했다. P와 Q가 아주 가까이 붙어 있으므로, PQ의 곡선부분은 직선으로 생각할 수 있다. 그러므로 빗금친 부분의 넓이는 삼각형 POQ의 넓이가 된다. 이 삼각형의 밑변의 길이는 PQ의 길이인 ds이고, 높이는 h이므로 빗금친 부분의 넓이는

$$\frac{1}{2}hds$$

가 된다. 라이프니츠는 이 넓이를 모두 더하면 빗금친 부분이 넓이를 모두 더하면 선분 OA와 선분 OB와 곡선 AB로 둘러싸인 넓이가 된다는 것을 알아냈다. 이 넓이는

$$\frac{1}{2}\int hds$$

가 된다.

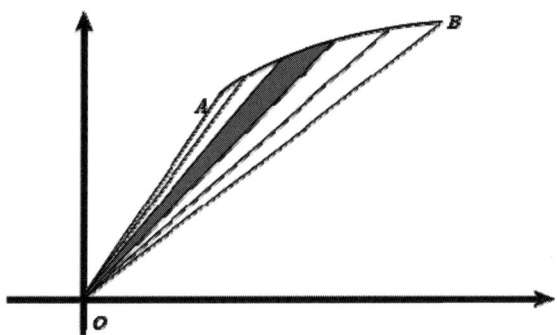

이 때 삼각형 OTW는 삼각형 PQR과 닮음이므로

$$\frac{z}{h} = \frac{ds}{dx} \qquad (8\text{-}11\text{-}6)$$

가 된다. 이제 선분 OA와 선분 OB와 곡선 AB로 둘러싸인 넓이를 S_1이라 두면

$$S_1 = \frac{1}{2} \int z dx \qquad (8\text{-}11\text{-}7)$$

이다.

이제 다음 그림을 보자.

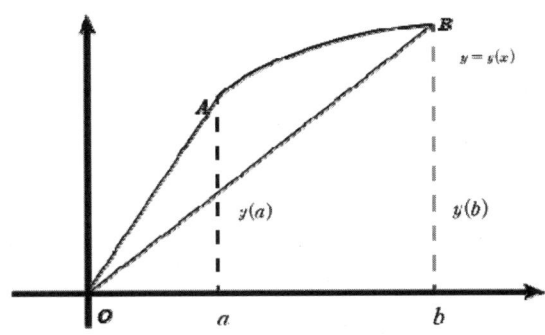

위 그림에서 곡선 AB아래의 넓이를 S라고 하면

$$S = \int_a^b y dx \qquad (8\text{-}11\text{-}8)$$

이다. 위 그림으로부터

$S = S_1 +$ 삼각형 ObB의 넓이 $-$ 삼각형 OaA의 넓이이므로

$$S = \frac{1}{2}\int_a^b zdx + \frac{1}{2}by(b) - \frac{1}{2}ay(a)$$

이 된다. 이 식을 다시 쓰면

$$S = \int_a^b ydx = \frac{1}{2}\int_a^b zdx + \frac{1}{2}[xy(x)]_a^b \qquad (8\text{-}11\text{-}9)$$

한편 $z = y - x\dfrac{dy}{dx}$ 의 양변에 dx를 곱하면

$$zdx = ydx - xdy \quad (8\text{-}11\text{-}10)$$

이 된다. 이것을 식(8-11-9)에 넣으면

$$S = \int_a^b ydx = \frac{1}{2}\int_a^b ydx - \frac{1}{2}\int_{y(a)}^{y(b)} xdy + \frac{1}{2}[xy(x)]_a^b \quad (8\text{-}11\text{-}11)$$

이 된다. 이 식으로부터 라이프니츠는

$$\int_a^b ydx = [xy(x)]_a^b - \int_{y(a)}^{y(b)} xdy \qquad (8\text{-}11\text{-}12)$$

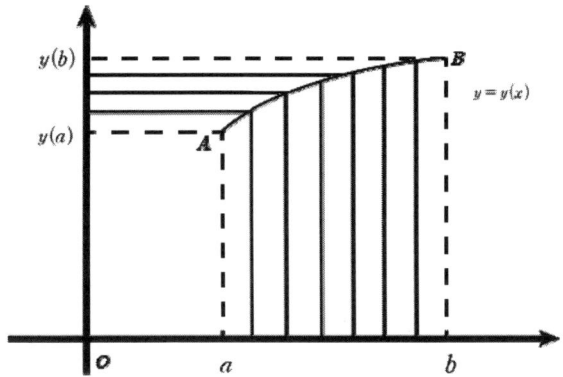

라이프니츠는 공식(8-11-12)를 원의 방정식에 적용했다. 라이프니츠가 택한 원은 중심이 (1,0)이고 반지름이 1인 원으로 방정식은

$$(x-1)^2 + y^2 = 1 \qquad (8\text{-}11\text{-}13)$$

으로 주어진다. 이 그래프는 다음과 같다.

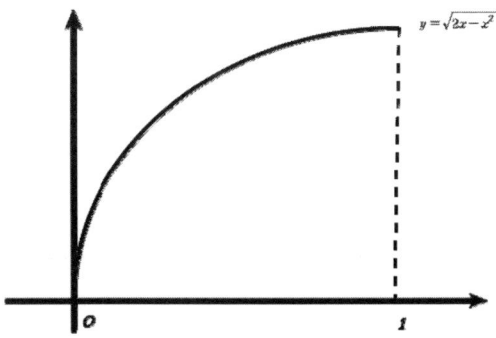

위 그래프에서 0에서 1까지의 곡선 아래 넓이는 원의 넓이의 $\dfrac{1}{4}$ 이므로

$$\frac{\pi}{4}=\int_0^1 ydx=\frac{1}{2}[xy(x)]_0^1+\frac{1}{2}\int_0^1 zdx \qquad (8\text{-}11\text{-}14)$$

이 된다. 여기서 $y(0)=0, y(1)=1$을 이용했다. 라이프니츠는 식(8-11-13)을 x로 미분했다. 이 경우,

$$2(x-1)+2y\frac{dy}{dx}=0$$

로부터

$$\frac{dy}{dx}=\frac{1-x}{y} \qquad (8\text{-}11\text{-}15)$$

가 된다. 그러므로

$$z=y-x\frac{dy}{dx}$$
$$=\frac{y^2-x+x^2}{y}$$

가 된다. 이 식의 분자에 $(x-1)^2+y^2=1$을 대입하면

$$z=\frac{x}{y} \qquad (8\text{-}11\text{-}16)$$

가 된다. 이 식의 양변을 제곱하면

$$z^2 = \frac{x^2}{y^2} = \frac{x^2}{2x - x^2} = \frac{x}{2-x}$$

또는

$$z = \sqrt{\frac{x}{2-x}}$$

또는

$$x = \frac{2z^2}{1+z^2} \qquad (8\text{-}11\text{-}17)$$

이 된다.

이제 다음 그림을 보자.

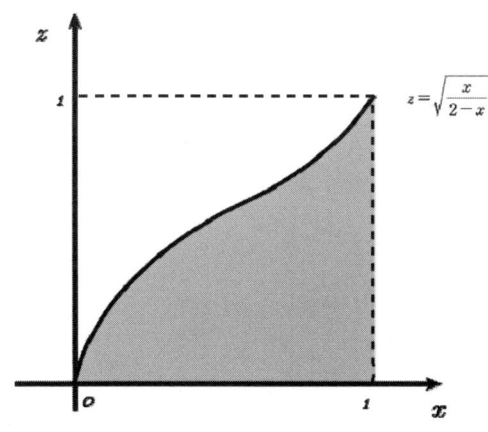

이 그림에서 어두운 부분의 넓이를 S라고 하면

$$\int_0^1 zdx = S$$

이다. 이 때

$$S = \text{한변의 길이가 1인 정사각형의 넓이} - \int_0^1 xdz \qquad (8\text{-}11\text{-}18)$$

가 된다. (8-11-18)을 (8-11-14)에 넣으면

$$\frac{\pi}{4} = \frac{1}{2}[xy(x)]_0^1 + \frac{1}{2}\left(1 - \int_0^1 xdz\right)$$

$$= 1 - \int_0^1 \frac{z^2}{1+z^2}dz \quad (8\text{-}11\text{-}19)$$

가 된다. 라이프니츠는

$$\frac{z^2}{1+z^2} = z^2(1 - z^2 + z^4 - z^6 + \cdots)$$

를 이용해,

$$\frac{\pi}{4} = 1 - \int_0^1 (z^2 - z^4 + z^6 - z^8 + \cdots)dz$$

$$= 1 - \frac{1}{3} + \frac{1}{5} - \frac{1}{7} + \frac{1}{9} - \cdots$$

를 얻었다. 따라서

$$\pi = 4\left(1 - \frac{1}{3} + \frac{1}{5} - \frac{1}{7} + \frac{1}{9} - \cdots\right) \quad (8\text{-}11\text{-}20)$$

로 나타낼 수 있다.

라이프니츠는 이 공식을 이용해 다음과 같은 등식도 만들어 냈다.

$$\frac{\pi}{8} = \left(\frac{1}{2} - \frac{1}{6}\right) + \left(\frac{1}{10} - \frac{1}{14}\right) + \left(\frac{1}{18} - \frac{1}{22}\right) + \left(\frac{1}{26} - \frac{1}{30}\right) + \cdots$$

$$= \frac{1}{3} + \frac{1}{35} + \frac{1}{99} + \frac{1}{195} + \cdots$$

$$= \frac{1}{2^2 - 1} + \frac{1}{6^2 - 1} + \frac{1}{10^2 - 1} + \frac{1}{14^2 - 1} + \cdots$$

라이프니츠의 공식 (8-11-20)은 다른 방법으로도 얻을 수 있다.

$(\tan^{-1} x)' = \dfrac{1}{1 + x^2}$ 을 이용하면

$$\int_0^1 \frac{1}{1 + x^2} dx = [\tan^{-1} x]_0^1 = \tan^{-1}(1) = \frac{\pi}{4}$$

가 된다. 한편

$$\frac{1}{1 + x^2} = 1 - x^2 + x^4 - x^6 + \cdots$$

이므로

$$\int_0^1 \frac{1}{1+x^2}dx$$

$$= \int_0^1 (1-x^2+x^4-x^6+\cdots)dx$$

$$= 1-\frac{1}{3}+\frac{1}{5}-\frac{1}{7}+\cdots$$

따라서

$$1-\frac{1}{3}+\frac{1}{5}-\frac{1}{7}+\cdots = \frac{\pi}{4}$$

라는 등식을 얻는다.

라이프니츠가 적분에서 알아낸 또 하나의 방법은 부분적분법이다. 부분적분법은 두 함수의 곱을 적분할 때 사용하는 방법이다. 두 함수 $u(x), v(x)$를 생각하자. 이 때

$$(uv)' = u'v + uv'$$

이다. 이 식을 다시쓰면

$$u'v = (uv)' - uv'$$

이 된다. 이 식에 적분을 취하면

$$\int u'v dx = \int (uv)' dx - \int uv' dx$$

또는

$$\int u'v\,dx = uv - \int uv'\,dx$$

이 된다. 이 공식을 다시 쓰면

$$\int u'v\,dx = (u'의\ 적분)(v\ 그대로) - \int (u'의\ 적분)(v\ 미분)dx$$

이 된다. 이렇게 두 함수의 곱을 적분하는 경우, 두 함수 중 하나는 적분이 되고 다른 하나는 미분이 될 때 이 공식을 이용하면 된다. 예를 들어 다음 적분을 보자.

$$\int f(x)g(x)dx$$

이 때 앞에 쓴 함수 $f(x)$는 적분이 되는 함수이어야한다. $g(x)$는 미분이 되어야한다. 즉 다음과 같은 꼴이다.

$$\int (적분되는\ 함수) \times (미분할\ 함수)dx$$

이 때

$$\int f(x)g(x)dx=$$
$$(f의\ 적분)(g\ 그대로) - \int (f의\ 적분)(g\ 미분)dx$$

이 된다.

3-12 뉴턴의 운동방정식

미분 적분을 발견한 뉴턴은 이것을 이용해 역학이론을 완성해 그의 위대한 저서 <자연철학의 수학적 원리 Philosophiae Naturalis Principia Mathematica>에 모두 기술했다. 이 책은 1687년 출간되었는데 줄여서 프린키피아(Principia)라고 불리기도 한다.

이 책에서 뉴턴은 고전 역학의 바탕을 이루는 뉴턴의 운동 법칙과 만유인력의 법칙을 기술했다. 뉴턴은 케플러가 천체의 운동에 대한 자료를 바탕으로 알아낸 케플러의 행성운동법칙을 완벽하게 증명했다. 뉴턴의 친구인 에드먼드 핼리도 이 책을 바탕으로 1530년, 1607년, 1682년에 나타났던 혜성들의 궤도를 계산해, 이 혜성 모두가 동일한

하나의 천체일 가능성이 높다는 사실을 발견했고 일정한 주기에 따라 1750년대 말에 다시 나타나리라고 예견했다. 뉴턴도 핼리도 죽은 뒤인 1758년에 이 천체가 발견되었는데 그것이 바로 핼리 혜성이다.

뉴턴은 순간속도가 변하면 가속도가 생긴다는 것을 알았다. 뉴턴은 순간속도를 변하게 하는 원인에 대해 궁금해했다. 그리고 그는 이 원인이 바로 물체에 작용한 힘이라는 것을 알아냈다. 힘을 F라고 하면, F는 a에 비례한다. 뉴턴은 비례상수를 m이라고 두어

$$F = ma$$

라는 식을 얻었다. 뉴턴은 같은 힘이 작용하더라도 가벼울수록 순간속도가 잘 변한다는 사실을 알아냈다. 즉, 같은 힘에 대해 가벼울수록

가속도가 크다. 뉴턴은 물체의 가볍고 무거운 정도를 수치로 나타내는 양을 도입했는데 이것이 바로 질량이다. 즉 뉴턴의 운동방정식에서 m은 물체의 질량을 나타낸다.

뉴턴은 사과는 왜 땅에 떨어지고 달은 지구에 떨어지지 않는지에 의문을 품었다. 그는 사과가 떨어지는 이유는 지구가 사과에게 중력이라는 힘을 작용하기 때문이라고 생각했다. 그렇다면 달은 왜 안 떨어지는가? 이 문제에 대해 뉴턴은 달이 원운동을 하기 때문이라고 생각했다. 뉴턴은 원운동이 왜 일어나는지를 연구하는 과정에서 원운동을 일으키는 힘인 구심력의 공식을 찾아냈다.

이제 뉴턴의 구심력 공식 발견에 대해 알아보자. 뉴턴은 갈릴에의 낙하공식을 먼저 떠올렸다. 가속도가 a일 때 물체가 시간 t동안 낙하한 거리를 s라고 하면

$$s = \frac{1}{2}at^2$$

이 된다는 것을 갈릴레이가 알아냈다.

이제 다음 그림을 보자.

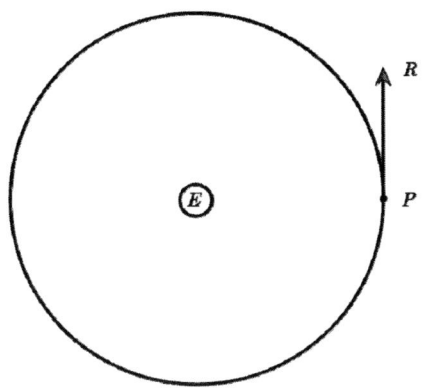

 지구의 위치를 E라고 하고 달이 처음에 점 P에 있었다고 하자. 만일 지구가 달을 잡아당기는 힘이 없고 달의 속력이 v라면 달은 시간 t 동안 R 방향으로 간다. 이것은 물체가 힘을 받지 않으면 일정한 속도로 운동을 하기 때문이다. 하지만 물체는 지구가 잡아당기는 힘 때문에 R로 가지 못하고 지구의 중심 방향으로 낙하한다. 이 때 낙하한 곳이 다시 원 위가 되어야지만 달은 영원히 원운동을 하게 된다. 즉, 시간 t가 지난 후 달의 위치를 Q라고 하자.

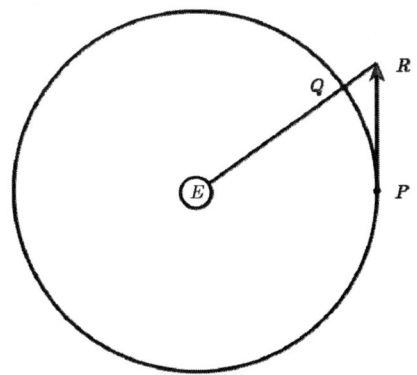

실제로 달은 P에서 Q로 움직였다. 이런 식으로 움직인다면 달의 위치는 계속 원 위에 있게 되니까 달은 지구로 떨어지지 않는다. 달이 시간 t동안 낙하한 거리는 선분 RQ의 길이이고 이 길이는 지구가 달을 잡아당기는 힘과 달의 질량과 관계있다. 달의 질량을 m, 지구가 달을 잡아당기는 힘을 F라고 하면

$$\overline{\mathrm{RQ}} = \frac{1}{2} \times \frac{F}{m} \times t^2$$

이다. 이제 다음 그림을 보자.

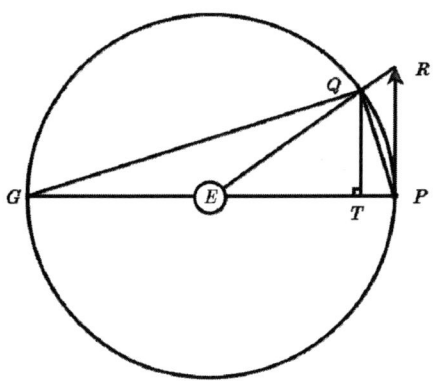

달은 속력 v로 P에서 Q로 갔다. 그런데 시간 t가 너무 너무 짧아 거의 0에 가까우면 P에서 Q로 간 거리와 선분 RP의 길이가 같다고 생각할 수 있다. 그러므로

$$\overline{\mathrm{RP}} = v \times t$$

가 되어, 시간은

$$t = \frac{\overline{\mathrm{RP}}}{v}$$

가 된다. 따라서 낙하거리는

$$\overline{\mathrm{RQ}} = \frac{1}{2} \times \frac{F}{m} \times \left(\frac{\overline{\mathrm{RP}}}{v}\right)^2$$

이다. 시간 t가 너무너무 짧으면 QR의 길이와 TP의 길이가 거의 같아지고, RP의 길이와 QT의 길이가 거의 같아진다. 그러므로

$$\overline{\mathrm{PT}} = \frac{1}{2} \times \frac{F}{m} \times \left(\frac{\overline{\mathrm{QT}}}{v}\right)^2$$

이 된다. 이제 삼각형 GQT와 삼각형 PQT를 보자. 두 삼각형은 직각삼각형이고 ∠GQP는 직각이므로

$$\angle \mathrm{QGT} + \angle \mathrm{GQT} = 직각$$

이다. ∠GQP는 ∠GQT와 ∠TQP의 합이니까

$$\angle \mathrm{GQT} + \angle \mathrm{TQP} = 직각$$

이다. 그러므로

$$\angle \mathrm{QGT} = \angle \mathrm{TQP}$$

이다. 그러므로 삼각형 GQT와 삼각형 PQT는 닮음이다. 따라서

$$\overline{PT} : \overline{QT} = \overline{QT} : \overline{GT}$$

또는

$$(\overline{QT})^2 = \overline{PT} \times \overline{GT}$$

이 되어,

$$\overline{PT} = \frac{(\overline{QT})^2}{\overline{GT}}$$

이 된다. 그러므로 낙하거리에 대한 식은 다음과 같이 바뀐다.

$$\frac{(\overline{QT})^2}{\overline{GT}} = \frac{1}{2} \times \frac{F}{m} \times \left(\frac{\overline{QT}}{v}\right)^2$$

양변을 $(\overline{QT})^2$ 으로 나누면

$$\frac{1}{\overline{GT}} = \frac{1}{2} \times \frac{F}{m} \times \frac{1}{v^2}$$

이 되고, 양 변에 $2 \times m \times v^2$ 을 곱하면

$$F = \frac{2 \times m \times v^2}{\overline{GT}}$$

이 된다. 시간 t 가 0에 가까울 정도로 아주 짧다고 가정하면 점 P와 점 Q는 거의 달라붙게 되니까 점 T와 점 P도 달라붙게 된다. 즉 선분 TP의 길이는 0에 가까워지고 $\overline{GT}$ 는 원의 지름이 된다. 지구와 달 사이의 거리가 원의 반지름이니까 이것을 r 이라고 하면

$$\overline{\text{GT}} = 2 \times r$$

이다. 그러니까 지구가 달을 잡아당기는 힘은

$$F = \frac{2 \times m \times v^2}{2 \times r}$$

이 되고, 약분하면

$$F = \frac{mv^2}{r}$$

이 된다. 이것이 바로 뉴턴이 발견한 원운동을 일으키는 힘인 구심력의 공식이다.

구심력의 공식을 발견한 뉴턴은 길고도 긴 계산을 통해 케플러의 법칙들을 증명했고, 이를 당시의 일반인들이 이해할 수 있도록 유클리드의 <원론>의 기하학적인 방법을 이용해 프린키피아에 상세하게 기술했다. 이 책에서 뉴턴의 프린키피아의 방대한 내용을 다루기는 힘들다. 그러므로 천체와 천체 사이의 힘인 만유인력의 법칙을 뉴턴이 어떻게 발견했는지를 간단하게 알아보자.

행성은 태양주위를 타원궤도를 그리지만 간단히 하기 위해 원궤도를 그린다고 가정하자. 이때 긴 반지름과 짧은 반지름은 같아지면서 궤도 반지름 r이 된다. 케플러의 법칙에 따라 주기 T의 제곱은 긴 반지름의 세제곱에 비례하는데 원궤도의 경우,

$$T^2 = Kr^3 \quad (8\text{-}12\text{-}1)$$

이 된다. 여기서 K는 비례상수이다. 이 때 행성의 속력을 v라고 하면 주기는

$$T = \frac{2\pi r}{v} \quad (8\text{-}12\text{-}2)$$

가 된다. (8-12-2)를 (8-12-1)에 대입하면

$$v^2 = \frac{K'}{r} \quad (8\text{-}12\text{-}3)$$

이된다. 여기서

$$K' = \frac{4\pi^2}{K}$$

이다. 원운동의 구심력 F는

$$F = m\frac{v^2}{r} \quad (8\text{-}12\text{-}4)$$

가 되는데, 이 식에 식(8-12-3)을 넣으면

$$F = \frac{K''}{r^2} \quad (8\text{-}12\text{-}4)$$

가 된다. 여기서 $K'' = mK'$이다. 이것이 바로 뉴턴이 찾아낸 만유인력의 법칙이다. 즉 질량을 가진 두 천체 사이의 힘은 두 물체 사이의 거리의 제곱에 반비례한다.

3-13 테일러, 임의의 함수를 급수로 나타내다

뉴턴이 사인함수와 코사인함수를 무한급수로 나타내는 방법을 알아낸 후 영국의 수학자가 테일러는 임의의 함수를 무한급수로 나타내는 새로운 방법을 찾았다.

(테일러 : Brook Taylor 1685 - 1731 영국)

테일러는 어떤 연속함수 $f(x)$를 다음과 같은 무한급수로 나타낼 수 있다는 것을 알아냈다.

$$f(x) = a_0 + a_1 x + a_2 x^2 + a_3 x^3 + a_4 x^4 + \cdots \qquad (8\text{-}13\text{-}1)$$

이런 전개를 테일러 전개라고 부르고, $a_0, a_1, a_2, \cdots$를 테일러 전개의 전개 계수라고 부른다. 식(8-13-1)은 다음과 같이 쓸 수도 있다.

$$f(x) = \sum_{n=0}^{\infty} a_n x^n \qquad (8\text{-}13\text{-}2)$$

이제 테일러 급수의 전개 계수를 미분을 이용해서 구해보자. 식 (8-13-1)의 양변에 $x = 0$를 넣으면

$$f(0) = a_0$$

가 되어, a_0가 구해진다. 식 (8-13-1)의 양변을 미분하면

$$f'(x) = a_1 + 2a_2 x + 3a_3 x^2 + 4a_4 x^3 + \cdots \qquad (8\text{-}13\text{-}3)$$

이다. 이제 상수항은 a_1이 되었다. 식(8-13-3)의 양변에 $x = 0$를 넣으면

$$f'(0) = a_1$$

이 되어, a_1이 구해진다. 식 (8-13-1)의 양변을 두 번 미분하면 a_2를 구할 수 있다. 식 (8-13-1)의 양변을 두 번 미분하는 것은 식 (8-13-3)을 한 번 더 미분하는 것과 같으므로

$$f''(x) = 2 \cdot 1 a_2 + 3 \cdot 2 a_3 x + 4 \cdot 3 a_4 x^2 + \cdots \qquad (8\text{-}13\text{-}4)$$

이다. 이 식의 양변에 $x = 0$를 넣으면

$$f''(0) = 2 \cdot 1 a_2$$

이다. 식 (8-13-1)을 세 번 미분하면

$$f^{(3)}(x) = 3 \cdot 2 \cdot 1 a_3 + 4 \cdot 3 \cdot 2 a_4 x + \cdots \qquad (3\text{-}2\text{-}5)$$

이 되고 양변에 $x = 0$를 넣으면

$$f^{(3)}(0) = 3 \cdot 2 \cdot 1 a_3 = 3! a_3$$

이다. 그러므로 다음과 같은 사실을 알 수 있다.

$a_0 = f(0)$

$a_1 = f'(0)$

$a_2 = \dfrac{1}{2!} f''(0)$

$a_3 = \dfrac{1}{3!} f^{(3)}(0)$

$\vdots$

일반적으로 테일러 전개 계수는 다음과 같다.

$$a_n = \dfrac{1}{n!} f^{(n)}(0)$$

여기서 $f^{(n)}(x)$는 $f(x)$를 n번 미분한 것을 말한다.

이 방법으로 $f(x) = \sin x$를 전개해보자. $\sin x$를 여러번 미분해보자.

$f'(x) = \cos x$ -> $f'(0) = 1$
$f''(x) = -\sin x$ -> $f''(0) = 0$

$f^{(3)}(x) = -\cos x$ -> $f^{(3)}(0) = -1$
$f^{(4)}(x) = \sin x$ -> $f^{(4)}(0) = 0$

$f^{(5)}(x) = \cos x$ -> $f^{(3)}(0) = 1$
$f^{(6)}(x) = -\sin x$ -> $f^{(6)}(0) = 0$

그러므로 $x = 0$주위에서의 테일러 전개는 다음과 같다.

$$\sin x = x - \frac{x^3}{3!} + \frac{x^5}{5!} - \cdots$$

이것은 뉴턴이 구한 급수와 완전히 일치한다.

3-14 뉴턴의 미분방정식

방정식은 $x - 2 = 0$처럼 특정한 수에 대해 등식이 성립하는 식이다. 이 특정한 수를 방정식의 해라고 한다. 이 경우 해는 $x = 2$이다. 미분방정식은 함수의 미분을 포함하는 방정식을 말한다. 예를 들어, 다음과 같은 방정식들이 미분방정식이다.

$$y' - 2y = x \qquad (8\text{-}14\text{-}1)$$

$$y'' - 3y' + 2y = 0 \qquad (8\text{-}14\text{-}2)$$

y'를 y의 1계 미분이라고 하고 y''을 y의 2계미분이라한다. (8-14-1)처럼 y의 1계 미분까지만 포함하고 있는 미분방정식을 1계미분방정식이라고 하고 (8-14-2)처럼 y의 2계 미분까지 포함하고 있는 미분방정식을 2계 미분방정식이라고 부른다.

가장 쉬운 미분방정식은
$$y' = 0 \qquad (8\text{-}14\text{-}3)$$
이 식은

$$y = (어떤 \ 수)$$

가 되는데 (어떤 수)를 C라고 쓰면 이 미분방정식의 해는
$$y = C$$

이다. 또 다른 예를 보자.

$$y' = 2x$$

미분하면 $2x$가 되는 y를 구하면 되고, $(x^2)' = 2x$이므로 이 미분방정식의 해는

$y = x^2 + C$
이다.

뉴턴은 1671년 미분방정식을 처음 알아냈고, 1736년 자신의 책 <Method of Fluxions> 이라는 책에 그 내용을 수록했다.

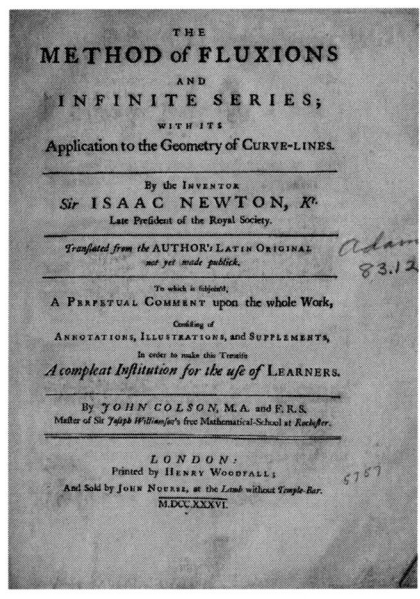

뉴턴은 1671년에 다음과 같은 일계 미분방정식을 생각했다.

$$y' = 1 - 3x + y + x^2 + xy \ , \ y(0) = 0 \qquad (8\text{-}14\text{-}3)$$

뉴턴은 이 미분방정식의 해를

$$y = \sum_{n=0}^{\infty} a_n x^n = a_0 + a_1 x + a_2 x^2 + \cdots \qquad (8\text{-}14\text{-}4)$$

라고 놓았다. 그는 $y(0) = 0$ 로부터

$$a_0 = 0 \quad (8\text{-}14\text{-}5)$$

를 얻었다. 이 때

$$y' = \sum_{n=0}^{\infty} n a_n x^{n-1} = a_1 + 2a_2 x + 3a_3 x^2 + \cdots \qquad (8\text{-}14\text{-}5)$$

그는 (8-14-4)와 (8-14-5)를 (8-14-3)에 넣어,

$$a_1 + 2a_2 x + 3a_3 x^2 + \cdots = 1 - 3x + (a_0 + a_1 x + a_2 x^2 + \cdots)$$
$$+ x^2 + x(a_0 + a_1 x + a_2 x^2 + \cdots)$$

또는

$$a_1 + 2a_2 x + 3a_3 x^2 + \cdots \qquad\qquad =$$
$$= 1 + a_0 + (a_1 + a_0 - 3)x + (1 + a_1 + a_2)x^2 + \cdots$$

을 얻었다. 이 식의 계수를 비교하면

$a_1 = 1 + a_0$

$2a_2 = a_1 + a_0 - 3$

$3a_3 = a_1 + a_2 + 1$

이 되고,

$a_0 = 0$

$a_1 = 1$

$a_2 = -1$

$a_3 = \dfrac{1}{3}$

이된다. 뉴턴은 이 방법으로 미분방정식의 해가

$$y = x - x^2 + \frac{1}{3}x^3 + \cdots$$

가 된다는 것을 알아냈다.

3-15 뉴턴의 벡터

뉴턴도 스테빈처럼 벡터기호를 사용하지 않았지만 우리가 벡터에 대해 이미 알고 있었다. 뉴턴은 2차원 3차원에서 물체의 운동을 다루려면 벡터의 개념을 사용해야 한다는 것을 알고 있었다. 뉴턴의 개념을 현재의 벡터 기호를 이용해 설명해보자.

2차원 평면 위의 한 점 $P(3,2)$를 생각하자. 이때 원점 O를 꼬리로 점 P를 머리로 하는 벡터 $\overrightarrow{OP}$는 다음 그림과 같다.

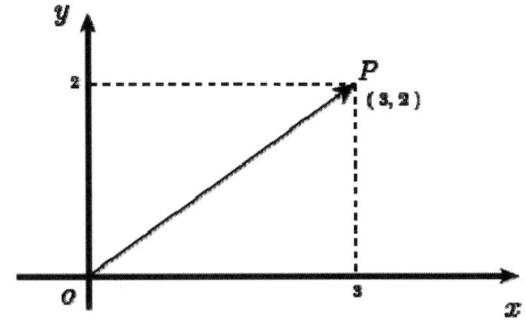

이 벡터를 점 P의 위치 벡터라고 부른다. 점 P의 위치벡터를 다음과 같이 두 개의 벡터의 합으로 나타내자.

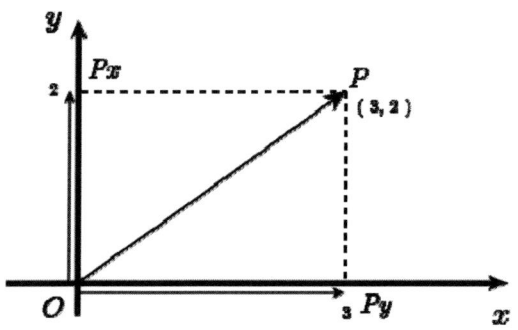

$$\overrightarrow{OP} = \overrightarrow{OP_x} + \overrightarrow{OP_y} \qquad (8\text{-}15\text{-}1)$$

$\overrightarrow{OP_x}$는 x축에 나란하고, $\overrightarrow{OP_y}$는 y축에 나란하다. $\overrightarrow{OP_x}$의 크기는 3이고 $\overrightarrow{OP_y}$의 크기는 2이다. 이제 $\overrightarrow{OP_x}$와 나란하면서 크기가 1인 벡터를 $\hat{i}$라고 하면,

$$\hat{i} = \frac{\overrightarrow{OP_x}}{3} \qquad (8\text{-}15\text{-}2)$$

가 되고, 마찬가지로 $\overrightarrow{OP_y}$와 나란하면서 크기가 1인 벡터를 $\hat{j}$라고 하면,

$$\hat{j} = \frac{\overrightarrow{OP_y}}{2} \qquad (8\text{-}15\text{-}3)$$

가 된다. 식(8-15-2)와 식(8-15-3)에서

$$\overrightarrow{OP_x} = 3\hat{i}$$

이고

$$\overrightarrow{OP_y} = 2\hat{j}$$

이므로

$$\overrightarrow{OP} = \overrightarrow{OP_x} + \overrightarrow{OP_y} = 3\hat{i} + 2\hat{j}$$

가 된다. 여기서 3을 $\overrightarrow{OP}$의 x성분이라고 하고, 2를 $\overrightarrow{OP}$의 y성분이라 부른다. 한편 여기서 다음과 같은 사실을 알 수 있다.

$-\hat{i}$는 크기가 1이고 $\hat{i}$와 방향이 반대인 벡터이다.

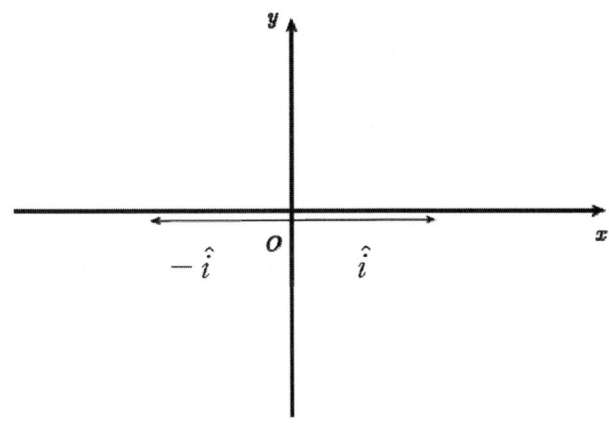

$-\hat{j}$는 크기가 1이고 $\hat{j}$와 방향이 반대인 벡터이다.

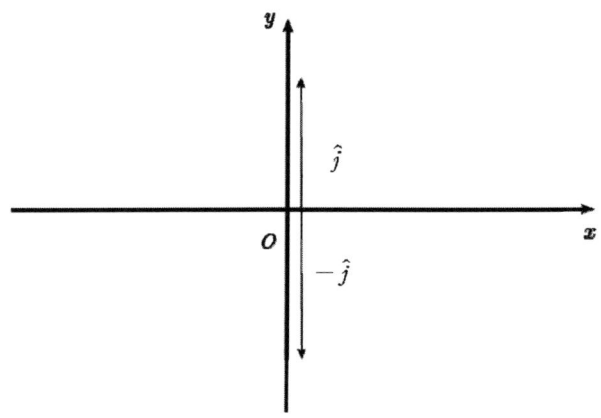

2차원 평면 위의 한 점 $P(x,y)$를 생각하자. 이때 원점 O를 꼬리로 점 P를 머리로 하는 벡터 $\overrightarrow{OP}$는 다음 그림과 같다.

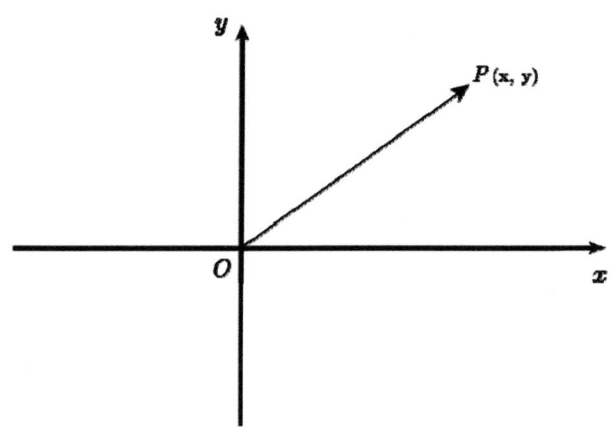

이 벡터를 점 P의 위치벡터라고 부른다. 이 벡터는 너무 자주 나타나니까 다음과 같이 쓴다.

$$\vec{r} = \overrightarrow{OP}$$

앞으로 $\vec{r}$의 크기를 r이라고 쓴다. 그러니까

$$r = \sqrt{x^2 + y^2}$$

이 된다. 이 벡터는 다음과 같이 쓸 수 있다.

$$\vec{r} = \overrightarrow{OP}$$
$$= \overrightarrow{OP}_x + \overrightarrow{OP}_y$$
$$= x\hat{i} + y\hat{j}$$

가 된다. 여기서 x를 $\overrightarrow{OP}$의 x성분이라고 하고, y를 $\overrightarrow{OP}$의 y성분이라 부른다.

꼬리가 원점이 아닌 임의의 벡터 $\vec{A}$ 는 꼬리가 원점이 되도록 평행이동 시킬 수 있다.

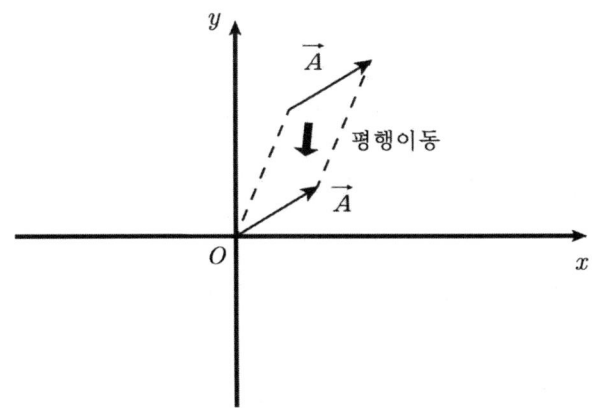

따라서

$$\vec{A} = A_x \hat{i} + A_y \hat{j}$$

로 나타낼 수 있다. 이때 A_x를 $\vec{A}$의 x성분이라고 하고, A_y를 $\vec{A}$의 y성분이라고 한다.

$\vec{A}$의 크기($|\vec{A}|$)는 A_x, A_y를 두 변으로 하는 직각삼각형의 빗변의 길이니까

$$|\vec{A}| = \sqrt{A_x^2 + A_y^2}$$

이 된다.

다음 두 벡터를 보자.

$$\vec{A} = A_x \vec{i} + A_y \vec{j}$$

$$\vec{B} = B_x \vec{i} + B_y \vec{j}$$

이 때 두 벡터의 덧셈과 뺄셈은 다음과 같다.

$$\vec{A} + \vec{B} = (A_x + B_x)\vec{i} + (A_y + B_y)\vec{j}$$

$$\vec{A} - \vec{B} = (A_x - B_x)\vec{i} + (A_y - B_y)\vec{j}$$

벡터의 k배는 다음과 같다.

$$k\vec{A} = kA_x\hat{i} + kA_y\hat{j}$$

이번에는 3차원 공간에서 임의의 점 $P(x, y, z)$의 위치 벡터를 보자.

$$\vec{r} = x\hat{i} + y\hat{j} + z\hat{k}$$

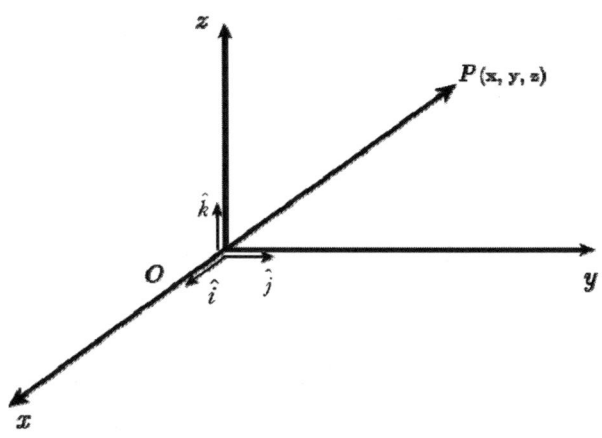

여기서 $\hat{k}$는 z축과 나란하며 크기가 1인 벡터이다. 3차원 공간에서 임의의 벡터는 세 개의 성분을 가지므로 다음과 같이 나타낼 수 있다.

$$\vec{A} = A_x\vec{i} + A_y\vec{j} + A_z\vec{k}$$

이 때 벡터 $\vec{A}$의 크기는 다음과 같다.

$$|\vec{A}| = \sqrt{A_x^2 + A_y^2 + A_z^2}$$

두 벡터가 성분으로 주어져 있을 때 두 벡터의 합을 성분으로 나타낼 수 있다. 다음 두 벡터를 보자.

$$\vec{A} = A_x \vec{i} + A_y \vec{j} + A_z \vec{k}$$
$$\vec{B} = B_x \vec{i} + B_y \vec{j} + B_z \vec{k}$$

이 때 두 벡터의 합과 차는 다음과 같다.

$$\vec{A} + \vec{B} = (A_x + B_x)\vec{i} + (A_y + B_y)\vec{j} + (A_z + B_z)\vec{k}$$

$$\vec{A} - \vec{B} = (A_x - B_x)\vec{i} + (A_y - B_y)\vec{j} + (A_z - B_z)\vec{k}$$

뉴턴은 질량 m인 물체가 2차원이나 3차원에서 운동을 할 때 뉴턴의 운동방정식이

$$\vec{F} = m\vec{a}$$

가 되어, 힘도 가속도도 벡터가 된다는 것을 알았다. 그러므로

$$\vec{F} = F_x\vec{i} + F_y\vec{j} + F_z\vec{k}$$

$$\vec{a} = a_x\vec{i} + a_y\vec{j} + a_z\vec{k}$$

라고 놓으면

$$F_x = ma_x$$
$$F_y = ma_y$$
$$F_z = ma_z$$

뉴턴은 3차원에서 어떤 시각 t에서 물체의 위치는 물체의 위치벡터

$$\vec{r}(t) = x(t)\hat{i} + y(t)\hat{j} + z(t)\hat{k}$$

라는 것을 알았다. 이 시각에서 물체의 속도 벡터를

$$\vec{v}(t) = v_x(t)\hat{i} + v_y(t)\hat{j} + v_z(t)\hat{k}$$

라고 쓰면

$$v_x = \frac{dx}{dt}$$

$$v_y = \frac{dy}{dt}$$

$$v_z = \frac{dz}{dt}$$

$$a_x = \frac{dv_x}{dt}$$

$$a_y = \frac{dv_y}{dt}$$

$$a_z = \frac{dv_z}{dt}$$

가 된다. 따라서 뉴턴의 운동방정식은 다음과 같이 쓸 수있다.

$$F_x = m\frac{dv_x}{dt}$$

$$F_y = m\frac{dv_y}{dt}$$

$$F_z = m\frac{dv_z}{dt}$$

x, y, z를 시간으로 두 번 미분한 것 (x, y, z의 2계미분)을 $\frac{d^2 x}{dt^2}$, $\frac{d^2 y}{dt^2}$, $\frac{d^2 z}{dt^2}$ 라고 쓰면 뉴턴의 운동방정식은

$$F_x = m\frac{d^2 x}{dt^2}$$

$$F_y = m\frac{d^2 y}{dt^2}$$

$$F_z = m\frac{d^2 z}{dt^2}$$

이 된다.

뉴턴은 질량이 M인 물체과 질량이 m인 물체가 거리 r떨어져 있을 때 두 물체 사이의 중력의 크기가

$$G\frac{Mm}{r^2}$$

라는 것을 알고 있었다. 여기서 비례상수 G를 뉴턴상수 또는 중력상수라고 부른다. 뉴턴은 중력을 벡터로 나타내고 싶었다. 다음 그림을 보자.

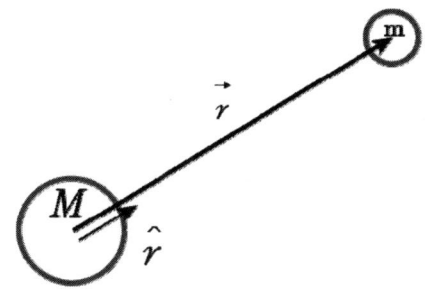

위 그림에서 $\hat{r}$ 은 $\vec{r}$ 과 나란하면서 크기가 1인 벡터이다. 그리고 $\vec{r}$ 의 크기는 두 물체 사이의 거리 r 이다. 이 때

$$\hat{r} = \frac{\vec{r}}{r}$$

이 된다. 이때 물체 m 이 받는 중력을 $\vec{F}$ 라고 하면 이 힘의 방향은 $-\hat{r}$ 의 방향이므로

$$\vec{F} = -G\frac{Mm}{r^2}\hat{r} = -G\frac{Mm}{r^3}\vec{r}$$

이 된다. 이것이 바로 뉴턴의 중력의 법칙이다.

3-16 뉴턴의 역학적에너지 보존법칙과 편미분 전미분의 탄생

뉴턴은 <프린키피아>에서 역학적에너지 보존법칙을 증명했다. 물리학자들은 물체에 힘 F가 작용해 힘이 작용한 방향으로 물체가 거리 d를 움직였을 때 이 힘이 한 일 W를 다음과 같이 정의한다.

$$W = Fd$$

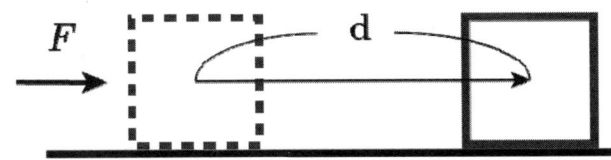

뉴턴은 만일 위치 x에 따라 변하는 힘 $F(x)$가 질량이 m인 물체에 작용해 물체가 힘이 작용한 방향으로 A에서 B까지 움직일 때 이 힘이 한 일은 적분에 의해 다음과 같이 주어진다고 생각했다.

$$W = \int_{A}^{B} F dx \qquad (8\text{-}16\text{-}1)$$

뉴턴은 이 식을

$$W = \int_A^B ma\,dx$$
$$= \int_A^B m\frac{dv}{dt}dx$$
$$= \int_A^B m\frac{dv}{dt}\frac{dx}{dt}dt$$
$$= \int_A^B m\frac{dv}{dt}v\,dt \quad (8\text{-}16\text{-}2)$$

한편

$$\frac{d}{dt}(v^2) = 2v\frac{dv}{dt}$$

이므로, (8-16-2)는

$$W = \int_A^B \frac{d}{dt}\left(\frac{1}{2}mv^2\right)dt \qquad (8\text{-}16\text{-}3)$$

이 된다. 여기서

$$K = \frac{1}{2}mv^2 \qquad (8\text{-}16\text{-}4)$$

를 운동에너지라고 정의하면

$$W = K_B - K_A \qquad (8\text{-}16\text{-}5)$$

가 되어, 일은 운동에너지의 차이가 된다.

뉴턴은 만일 위치에 따라 달라지는 힘 $F(x)$에 대해,

$$F(x) = -\frac{dV(x)}{dx} \qquad (8\text{-}16\text{-}6)$$

를 만족하는 $V(x)$가 존재하면 (8-16-1)은

$$W = -\int_A^B \frac{dV}{dx} dx$$
$$= -(V_B - V_A) \quad (8\text{-}16\text{-}7)$$

로 쓸 수 있다. 이 때 V를 힘 F에 대한 퍼텐셜에너지라고 부른다. 이 때

$$W = K_B - K_A = -(V_B - V_A)$$

또는

$$K_B + V_B = K_A + V_A \qquad (8\text{-}16\text{-}8)$$

가 되어 $K + V$는 일정한 값이 되는데 이것을 역학적에너지라고 부르고 E라고 쓴다. 즉 어떤 힘이 식 (8-16-6)을 만족하면

$$E = K + V$$

가 항상 일정한 값이 되는 데 이것을 역학적에너지 보존 법칙이라고 부르고 식(8-16-6)을 만족하는 힘을 보존력이라고 부른다.

뉴턴은 이 문제를 3차원에서 운동하는 질량 m인 물체에 적용하고 싶어했다. 뉴턴은 3차원에서 일의 정의를 다음과 같이 썼다.

$$W = \int_A^B (F_x dx + F_y dy + F_z dz) \qquad (8\text{-}16\text{-}9)$$

여기서 힘 $\vec{F}$의 세 성분 F_x, F_y, F_z는 x, y, z의 함수이다. 뉴턴은 이 식에 $F_x = m\dfrac{dv_x}{dt}, F_y = m\dfrac{dv_y}{dt}, F_z = m\dfrac{dv_z}{dt}$를 넣어,

$$W = K_B - K_A \qquad (8\text{-}16\text{-}10)$$

를 얻었다. 이 때 3차원에서의 운동에너지는

$$K = \frac{1}{2}m(v_x^2 + v_y^2 + v_z^2) = \frac{1}{2}m|\vec{v}|^2 \qquad (8\text{-}16\text{-}11)$$

이 된다. 이제 뉴턴에게 남아있는 문제는

$$W = \int_A^B (F_x dx + F_y dy + F_z dz) = -(V_B - V_A) \qquad (8\text{-}16\text{-}12)$$

가 되는 $V(x,y,z)$를 찾는 문제였다.

이 문제는 라이프니츠와 뉴턴에의해 정의된 편미분과 전미분에 의해 해결되었다. 이제 편미분과 전미분에대해 조금 알아보자.

함수 $y = f(x)$를 생각해보자. 이 함수는 변수를 1개 (x) 가지고 있다. 이렇게 변수를 1개 가지고 있는 함수를 일변수 함수라고 한다. 일변수 함수는 다음과 같이 곡선을 만든다. 다음 그림은 일변수 함수 $y = x^3 + 2x - 6$의 그래프이다.

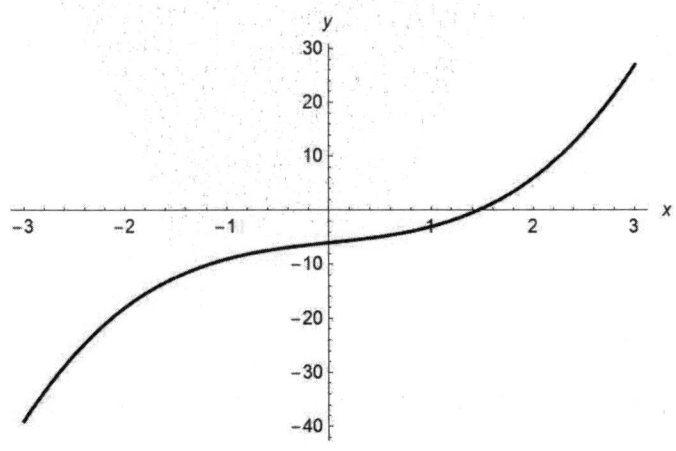

함수 $z = f(x,y)$를 보면 이 함수는 변수를 2개 (x와 y)가지고 있다. 이렇게 변수가 두 개인 함수를 이변수 함수라 부른다. 즉, 변수의 개수에 따라 함수의 이름이 달라진다. 변수가 3개면 삼변수함수, 변수가 네 개면 4변수함수등으로. 이변수함수는 다음과 같이 곡면을 만든다. 다음 그림은 이변수함수

$$z = x^3y + xy^5$$

의 그래프이다.

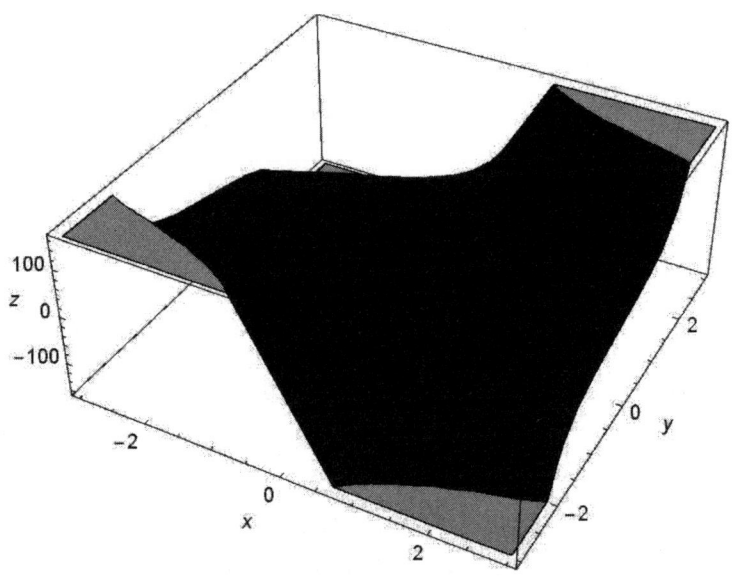

이변수 함수에서는 변수가 x와 y의 두 개이므로 x에 대한 미분과 y에

대한 미분을 정의해야 한다. 이 때 똑같이 미분이라는 표현을 쓰면 일변수함수의 미분과 헷갈리므로 이변수함수에서 x에 대한 미분을 x에 대한 편미분이라고 하고, y에 대한 미분을 y에 대한 편미분이라고 부른다.

이변수 함수 $z=f(x,y)$의 x에 대한 편미분을 미분기호와 비슷하게

$$\frac{\partial z}{\partial x} = \frac{\partial f}{\partial x}$$

또는

$$z_x = f_x$$

라고 쓰고, y에 대한 편미분을 미분기호와 비슷하게

$$\frac{\partial z}{\partial y} = \frac{\partial f}{\partial y}$$

$$z_y = f_y$$

라고 쓴다[7].

---

7) 이 기호는 1786년 르장드르가 처음 사용했다.

이변수 함수 $z=f(x,y)$의 x에 대한 편미분은

$$\frac{\partial z}{\partial x} = \frac{\partial f}{\partial x} = z_x = f_x = \lim_{h \to 0} \frac{f(x+h,y) - f(x,y)}{h} \qquad \text{(8-16-13)}$$

이 된다. 분자를 보면 y는 그대로이고, x쪽만 달라진다는 것을 알 수 있다. 마찬가지로 y에 대한 편미분은

$$\frac{\partial z}{\partial y} = \frac{\partial f}{\partial y} = z_y = f_y = \lim_{k \to 0} \frac{f(x,y+k) - f(x,y)}{k} \qquad \text{(8-16-14)}$$

가 된다. 분자를 보면 x는 그대로이고, y쪽만 달라진다는 것을 알 수 있다.

예를 들어, $r = \sqrt{x^2 + y^2}$ 에 대해 r_x, r_y를 구해보자.

$$\begin{aligned} r_x &= \frac{\partial}{\partial x}\sqrt{x^2+y^2} & \frac{d}{dx}\sqrt{x^2+8} \\ &= \frac{1}{2\sqrt{x^2+y^2}} \cdot 2x &= \frac{1}{2\sqrt{x^2+8}} \cdot 2x \\ &= \frac{x}{\sqrt{x^2+y^2}} &= \frac{x}{\sqrt{x^2+8}} \\ &= \frac{x}{r} \end{aligned}$$

$$r_y = \frac{\partial}{\partial y}(\sqrt{x^2+y^2})$$
$$= \frac{1}{2\sqrt{x^2+y^2}} \cdot 2y$$
$$= \frac{y}{\sqrt{x^2+y^2}}$$
$$= \frac{y}{r}$$

삼변수 함수 $w = f(x, y, z)$에 대해서

x에 대한 편미분은

$$w_x = f_x = \lim_{h \to 0} \frac{f(x+h, y, z) - f(x, y, z)}{h}$$

이 된다. 분자를 보면 y, z는 그대로이고, x쪽만 달라진다는 것을 알 수 있다. 마찬가지로 y에 대한 편미분은

$$w_y = f_y = \lim_{k \to 0} \frac{f(x, y+k, z) - f(x, y, z)}{k}$$

가 된다. 분자를 보면 x, z는 그대로이고, y쪽만 달라진다는 것을 알 수 있다.

마찬가지로 z에 대한 편미분은

$$w_z = f_z = \lim_{l \to 0} \frac{f(x,y,z+l) - f(x,y,z)}{l}$$

가 된다. 분자를 보면 x, y는 그대로이고, z쪽만 달라진다는 것을 알 수 있다. $r = \sqrt{x^2 + y^2 + z^2}$ 에 대해 r_x, r_y, r_z를 구해보자.

$$\begin{aligned} r_x &= \frac{\partial}{\partial x}(\sqrt{x^2+y^2+z^2}) \\ &= \frac{1}{2\sqrt{x^2+y^2+z^2}} \cdot 2x \\ &= \frac{x}{\sqrt{x^2+y^2+z^2}} \\ &= \frac{x}{r} \end{aligned} \qquad \begin{aligned} &\frac{\partial}{\partial x}\sqrt{x^2+\square} \\ &= \frac{1}{2\sqrt{x^2+\square}} \cdot 2x \\ &= \frac{x}{\sqrt{x^2+\square}} \end{aligned}$$

마찬가지로

$$r_y = \frac{y}{r}$$

$$r_z = \frac{z}{r}$$

이 된다.

이변수 함수 $f(x, y)$에 대해 이 함수의 전미분은 df라고 쓰고 다음과 같이 정의된다.

$$df = f_x dx + f_y dy \qquad (8\text{-}16\text{-}15)$$

삼변수함수 $f(x, y, z)$에 대한 전미분은 다음과 같다.

$$df = f_x dx + f_y dy + f_z dz \qquad (8\text{-}16\text{-}16)$$

이제 전미분의 의미를 알아보자. 일변수함수에서는 $f(x) =$ 상수 이면 $f'(x) = 0$이고 그 역도 성립한다. 이변수함수 $f(x,y)$에서 $f(x,y) =$ 상수이면 $f_x = 0$이고 $f_y = 0$가 된다. 그렇다면 $f_x = 0$이면 f는 상수일까? 그렇지는 않다. 예를 들어 $f(x,y) = y$를 보면 $f_x = 0$이지만 상수는 아니다. 그러므로 이변수함수에서 $f(x,y) =$ 상수라는 결과를 만들려면 $f_x = 0$이고 $f_y = 0$이어야한다. 즉,

$$df = 0$$

를 요구해야한다. 따라서 이변수 함수에 대해

$$\int_A^B df = f_B - f_A \qquad (8\text{-}16\text{-}17)$$

라는 적분 공식을 가지게 된다. 삼변수 함수에 대해서도 마찬가지로 전미분을 적분해야 적분이 벗겨진다는 것을 알 수 있다.

뉴턴은 3차원 운동에서 퍼텐셜에너지는

$$W = \int_A^B (F_x dx + F_y dy + F_z dz) = -\int_A^B dV(x,y,z) \qquad (8\text{-}16\text{-}18)$$

이 되어야한다는 것을 알게 되었다. 이것으로 3차원에서 퍼텐셜에너지는

$$F_x = -\frac{\partial V}{\partial x}$$

$$F_y = -\frac{\partial V}{\partial y}$$

$$F_z = -\frac{\partial V}{\partial z} \qquad (8\text{-}16\text{-}19)$$

에 의해 정의된다. 즉 3차원에서는 식 (8-16-19)를 만족하는 퍼텐셜에너지가 존재할 때 역학적 에너지가 보존된다.

뉴턴은 중력에 대한 퍼텐셜에너지 V가

$$F_x = -GMm\frac{x}{r^3} = -\frac{\partial V}{\partial x}$$

$$F_y = -GMm\frac{y}{r^3} = -\frac{\partial V}{\partial y}$$

$$F_z = -GMm\frac{z}{r^3} = -\frac{\partial V}{\partial z} \qquad (8\text{-}16\text{-}20)$$

를 만족하므로

$$V = -G\frac{Mm}{r} \qquad (8\text{-}16\text{-}21)$$

이 된다는 것을 알아냈다. 이것이 바로 중력에 의한 퍼텐셜에너지이다.

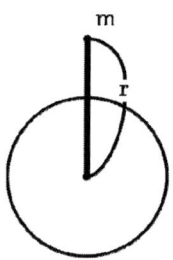

이 때 물체가 받는 만유인력은

$$F = -G\frac{Mm}{r^2}$$

이 된다. 여기서 음의 부호는 인력을 나타낸다. 이 때 만유인력에 대한 퍼텐셜 에너지를 V라고 하면

$$F = -\frac{dV}{dr}$$

로부터

$$-G\frac{Mm}{r^2} = -\frac{dV}{dr}$$

이 된다. 여기서

$$V = -G\frac{Mm}{r} + C$$

가 된다. r이 무한대일 때 퍼텐셜 에너지가 0이라고 약속하면 $C=0$가 되므로 중력에 대한 퍼텐셜 에너지는

$$V = -G\frac{Mm}{r}$$

이 된다.